Aktuelle Laseranwendungen in der refraktiven Chirurgie

UNI-MED Verlag AG
Bremen - London - Boston

Auffarth, Gerd U.:
Aktuelle Laseranwendungen in der refraktiven Chirurgie/Gerd U. Auffarth.-
1. Auflage - Bremen: UNI-MED, 2004
(UNI-MED SCIENCE)
ISBN 3-89599-806-0

Printed in Europe

UNI-MED. Die beste Medizin.

In der Reihe UNI-MED SCIENCE werden aktuelle Forschungsergebnisse zur Diagnostik und Therapie wichtiger Erkrankungen "state of the art" dargestellt. Die Publikationen zeichnen sich durch höchste wissenschaftliche Kompetenz und anspruchsvolle Präsentation aus. Die Autoren sind Meinungsbildner auf ihren Fachgebieten.

Wir danken folgenden Mitgliedern unseres Ärztlichen Beirats für die engagierte Mitarbeit an diesem Buch: Dr. B. Leithäuser und Dr. Michael K. Zander.

Vorwort und Danksagung

Die refraktive Laserchirurgie hat sich in den letzten 15 Jahren zu einem anerkannten und etablierten Bereich der modernen Ophthalmochirurgie entwickelt. Ständige Neu- und Weiterentwicklungen im Bereich der Lasertechnologie und der Mikrokeratome sowie prospektiv angelegte multizentrische klinische Studien haben die Qualitäts- und Sicherheitsstandards erheblich verbessert und die Anwendungsbereiche klar definiert.

Das vorliegende Buch versucht den aktuellen Stand der refraktiven Laserchirurgie insbesondere für den klinisch tätigen Ophthalmologen darzustellen. Neben einer kurzen Übersicht zu alternativen linsenchirurgischen refraktiven Operationstechniken werden die etablierten Laseranwendungen von erfahrenen Operateuren zusammengefasst, wobei auch praktische individuelle Erfahrungen mit eingebracht werden.

Ein besonderes Augenmerk gilt auch der präoperativen Evaluierung der refraktiven Patienten und der postoperativen Nachsorge. Beides sind Bereiche, in denen auch der nichtoperative niedergelassene Kollege gefordert ist. Das Buch soll hier Hilfestellungen und Tipps für den klinischen Alltag geben. Dies gilt insbesondere auch für Komplikationen, die in der postoperativen Phase auftreten können, welche in mehreren Kapiteln besprochen werden.

Dieses Buch konnte durch die intensive Zusammenarbeit von wissenschaftlich und operativ tätigen Kollegen aus dem Bereich der niedergelassenen Augenärzte, Privat-Kliniken/Praxiskliniken und Universitäts-Augenkliniken zusammengestellt werden. Als Herausgeber möchte ich mich bei allen Beteiligten nochmals für ihre hervorragenden Beiträge, ihr Engagement und ihre Bereitwilligkeit an diesen Projekt teilzunehmen herzlich bedanken. Dem UNI-MED Verlag gilt mein Dank, der mit sanftem Druck, steter Beharrlichkeit und hervorragender Sachkenntnis das Lektorat des Buches übernommen hat.

Heidelberg, im Oktober 2004 *G. U. Auffarth*

Autoren

Priv.-Doz. Dr. med. Gerd U. Auffarth
Universtäts-Augenklinik
der Ruprecht-Karls-Universität Heidelberg
Im Neuenheimer Feld 400
69120 Heidelberg

Kap. 1., 3.1-3.4.

Prof. Dr. med. Gernot I. W. Duncker
Universitätsklinik und Poliklinik für Augenheilkunde
der Martin-Luther-Universität Halle-Wittenberg
Ernst-Grube-Straße 40
06097 Halle/Saale

Kap. 7.1.-7.5.

Dr. med. Jørn S. Jørgensen
EuroEyes® Klinikgruppe
Elbchaussee 454
22587 Hamburg

Kap. 3.5., 6.4.

Priv.-Doz. Dipl. Phys. Dr. rer. nat. Wolfgang Haigis
Universitäts-Augenklinik
der Julius-Maximilians Universität Würzburg
Josef-Schneider-Str. 11
97080 Würzburg

Kap. 5.3.

Dr. med. Thomas Hammer
Universitätsklinik und Poliklinik für Augenheilkunde
der Martin-Luther-Universität Halle-Wittenberg
Ernst-Grube-Straße 40
06097 Halle/Saale

Kap. 7.1.-7.5.

Dr. med. Mike P. Holzer
Universtäts-Augenklinik
der Ruprecht-Karls-Universität Heidelberg
Im Neuenheimer Feld 400
69120 Heidelberg

Kap. 2., 7.6.

Maria I. Kalyvianaki, MD
Vardinoyannis Augeninstitut von Kreta
Universität Kreta
Griechenland

Kap. 4.3.

Vikentia J. Katsanevaki, MD, PhD
Vardinoyannis Augeninstitut von Kreta
Universität Kreta
Griechenland

Kap. 4.3.

Prof. Dr. med. Michael C. Knorz
FreeVis LASIK Zentrum
Universitätsklinikum Mannheim
Theodor Kutzer Ufer 1-3
68167 Mannheim

Kap. 4.1.

Spiros D. Nikas, MD
Vardinoyannis Augeninstitut von Kreta
Universität Kreta
Griechenland

Kap. 4.3.

Ioannis G. Pallikaris, MD, PhD
Vardinoyannis Augeninstitut von Kreta
Universität Kreta
Griechenland

und

Universitätsklinik Heraklion
Augenabteilung
Kreta, Griechenland

Kap. 4.3.

Dr. med. Tanja M. Rabsilber
Universtäts-Augenklinik
der Ruprecht-Karls-Universität Heidelberg
Im Neuenheimer Feld 400
69120 Heidelberg

Kap. 5.2.

Dr. med. Gangolf Sauder
Universitäts-Augenklinik des Klinikums Mannheim gGmbH
Fakultät für klinische Medizin der
Ruprecht-Karls-Universität Heidelberg
Theodor-Kutzer-Ufer 1-3
68167 Mannheim

Kap. 6.1.-6.3., 8.

Priv.-Doz. Dr. med. Walter Sekundo
Universitäts-Augenklinik der
Philipps-Universität Marburg
Robert-Koch-Straße 4
35037 Marburg

Kap. 4.2. und 5.1.

Dr. med. Urs Voßmerbäumer
Universitäts-Augenklinik des Klinikums Mannheim gGmbH
Fakultät für klinische Medizin der
Ruprecht-Karls-Universität Heidelberg
Theodor-Kutzer-Ufer 1-3
68167 Mannheim

Kap. 8.

Dr. med. Wolf Eckhard Weingärtner
EuroEyes Augenlaserzentrum Stuttgart
Königstrasse 70
70173 Stuttgart

Kap. 3.5., 6.4.

Inhaltsverzeichnis

1. Entwicklung und Geschichte der chirurgischen Refraktionskorrektur 12

1.1. Linsenentfernung = *clear lens extraction* = *refractive lens exchange* 12
1.2. Inzisionale hornhautchirurgische Techniken 12
1.3. Lamelläre hornhautchirurgische Techniken 14
1.4. Laserchirurgie der Hornhaut 15
1.5. Andere refraktive Verfahren 16

2. Fehlsichtigkeiten: Myopie, Hyperopie, Astigmatismus, Presbyopie 20

3. Chirurgische Möglichkeiten der Refraktionskorrektur 24

3.1. Phake Intraokularlinsen und Einsatzbereiche 24
3.1.1. Kammerwinkelgestützte phake Vorderkammer-IOL 25
3.1.2. Irisfixierte phake Vorderkammer-IOL 27
3.1.3. Sulkusfixierte phake Hinterkammer-IOL 28
3.1.4. Komplikationen phaker IOL 29
3.2. Refraktiver Linsenaustausch mit multifokalen Intraokularlinsen 31
3.2.1. Diffraktive IOL 31
3.2.2. Refraktive bi- und multifokale IOL 32
3.3. Refraktiver Linsenaustausch mit akkommodativen Intraokularlinsen 35
3.4. Refraktiver Linsenaustausch mit torischen Intraokularlinsen 37
3.5. Chirurgische Verfahren und Geräte in der refraktiven Laserchirurgie 39

4. Gängige Verfahren der Excimer-Laser refraktiven Chirurgie und Anwendungsbereiche 46

4.1. LASIK - Laser in situ Keratomileusis 46
4.1.1. Geschichte 46
4.1.2. Patientenauswahl 46
4.1.3. Technik der LASIK 48
4.1.4. Heilverlauf und Standardbehandlung nach LASIK 48
4.1.5. Ergebnisse der LASIK 49
4.1.6. Nachoperation 49
4.1.7. Komplikationen der LASIK 50
4.1.7.1. "Trockenes Auge" 50
4.1.7.2. Epitheldefekte 50
4.1.7.3. Schnittkomplikationen 51
4.1.7.4. Falten des Lentikels 51
4.1.7.5. Diffuse lamelläre Keratitis (DLK) 52
4.1.7.6. Epitheleinwachsung 53
4.1.7.7. Mikrobielle Keratitis 53
4.1.7.8. Flüssigkeitsansammlung im Interface beim Sekundärglaukom 53
4.1.7.9. Keratektasie 54
4.1.8. Qualität des Sehvermögens 54
4.1.9. Maßgeschneiderte LASIK: Wellenfrontgesteuerte Behandlungen 55

4.2. Die jüngsten Entwicklungen in der Oberflächenablation ... 57
4.2.1. Photorefraktive Keratektomie (PRK) ... 57
4.2.2. Laserassistierte subepitheliale Keratektomie (LASEK) ... 59
4.2.2.1. Alternative LASEK-Techniken ... 61
4.2.2.2. Klinische Ergebnisse ... 61
4.2.2.3. LASEK im Vergleich zu anderen Verfahren ... 61
4.2.3. Grenzen der Oberflächenablation ... 63
4.2.4. Zukünftige Entwicklungen der Oberflächenablation ... 64
4.3. Von PRK zu Epi-LASIK ... 67
4.3.1. Histologische Studie ... 67
4.3.2. Epi-LASIK: Chirurgische Behandlung ... 68
4.3.3. Klinische Ergebnisse ... 69
4.3.4. Schlussfolgerungen ... 70

5. Präoperative Untersuchungen und Geräte im Rahmen der refraktiven Chirurgie 74

5.1. Pupillenmessung vor laserrefraktiven Hornhauteingriffen ... 74
5.2. Hornhauttopographie: Historischer Rückblick, klinische Bedeutung und aktuelle Systeme .. 77
5.2.1. Historischer Rückblick ... 77
5.2.2. Topographie der gesunden Hornhaut ... 78
5.2.3. Klinische Anwendung topographischer Messungen ... 78
5.2.3.1. Präoperative Screeninguntersuchungen ... 78
5.2.3.2. Einsatz der Hornhauttopographie während operativer Eingriffe ... 79
5.2.3.3. Evaluierung postoperativer Änderungen der Hornhauttopographie ... 79
5.2.3.4. Weitere Anwendungen der Hornhauttopographie in der Ophthalmologie ... 79
5.2.4. Aktuelle Systeme ... 80
5.3. Refraktive Chirurgie und optische Biometrie ... 83

6. Medikamentöse Therapie bei refraktiver Laserchirurgie 90

6.1. Perioperative Therapie bei LASIK ... 90
6.2. Therapeutische Optionen bei Komplikationen ... 91
6.2.1. Diffuse lamelläre Keratitis (DLK) ... 91
6.2.2. Beispiele für Therapieschemata bei LASIK-Komplikationen ... 91
6.3. Postoperative Therapie bei refraktiver Chirurgie ... 93
6.3.1. Nachsorge nach LASIK ... 94
6.3.2. Nachsorge nach PRK/LASEK ... 95
6.3.3. Nachsorge nach refraktiver Linsenchirurgie ... 95

7. Komplikationen nach LASIK und deren Behandlung 98

7.1. Präoperatives Screening zur Vermeidung von LASIK-Komplikationen ... 98
7.2. Intraoperative Komplikationen ... 99
7.3. Frühpostoperative Komplikationen ... 101
7.4. Spätpostoperative Komplikationen ... 103
7.5. Histopathologische Aspekte ... 104

8. Neue Entwicklungen: Corneale Mikrochirurgie mittels Femtosekundenlasertechnologie 110

8.1. Charakteristika ultrakurzer Energiephänomene ... 110
8.2. Implikationen für medizinische Anwendung ... 110
8.3. Applikationsperspektiven ... 111
8.4. Femtosekundenlaser als virtuelle Klingen ... 111
8.5. Sind neue Techniken erforderlich? ... 112
8.6. Lösungen? ... 113

Index 117

Entwicklung und Geschichte der chirurgischen Refraktionskorrektur

1. Entwicklung und Geschichte der chirurgischen Refraktionskorrektur

1.1. Linsenentfernung = *clear lens extraction = refractive lens exchange*

Die Entfernung der klaren Linse zur Myopiekorrektur ist bereits seit dem 18. und 19. Jahrhundert bekannt (Tab. 1.1) (9, 11, 12, 16, 21, 22). Wenngleich zu dieser Zeit die operativen Verfahren zur Linsenextraktion in keinster Weise heutigen Techniken auch nur annähernd gleichkamen, so gewann dieser Eingriff für einen begrenzten Zeitraum eine relativ große Popularität. Aufgrund der dann mittelfristig doch sehr häufig auftretenden Komplikationen wie postoperative Infektionen und Netzhautablösungen verschwand die "Myopieoperation" doch wieder aus dem Repertoire der Ophthalmochirurgen.

Erst durch die enorme Weiterentwicklung der Kataraktchirurgie, Implantat- und Phakoemulsifikationstechnologie gewann die nun "*clear lens extraction*" genannte Operation wieder in den 1990er Jahren an Bedeutung (1-3). Je mehr die Limitationen der refraktiven Hornhautchirurgie bekannt wurden, desto mehr reüssierten linsenchirurgische Techniken. Die Komplikationsraten bezüglich Infektionen ist heutzutage sicherlich kein Thema mehr, allerdings setzt die langfristige Erhöhung des Amotiorisikos bei hochmyopen Patienten der Operation der klaren Linse immer noch Grenzen.

Neben der Myopiekorrektur entwickelte sich im Bereich der hyperopen und presbyopen Patienten ebenfalls durch das Vorhandensein spezieller Linsenimplantate (Multifokallinsen) die "*clear lens extraction*" weiter und heutzutage wird hierfür eher der Terminus "*refractive lens exchange*" benutzt. Das so genannte "PRELEX"-Verfahren ("*prebyopic lens exchange*") kombiniert die Entfernung der klaren Linse mit der Implantation einer Multifokallinse (i.e. AMO Array, multizonale refraktive MIOL) (1-4) (weitere Details siehe Kap. 3.). Es ist in den letzten Jahren ein Trend von der Korrektur der Myopie durch Linsenextraktion in Richtung Hyperopie- und Presbyopiekorrektur zu verzeichnen. Die Weiterentwicklung von Multifokallinsen und akkommodativen Kunstlinsen sowie das Wiederaufleben der Forschung im Bereich "*lens refilling*" zeigt hier deutlich auf, wo die ophthalmologische Industrie zukünftige Entwicklungspotenziale sieht.

1.2. Inzisionale hornhautchirurgische Techniken

Die **radiäre Keratotomie** (RK) wurde erstmals von Sato 1953 vorgestellt. Er setzte bis zu 40-45 Inzisionen auf der Rückfläche der Hornhaut an, gefolgt von einer Serie vorderer Inzisionen (Abb. 1.1) (12, 20, 22). Aufgrund des Endothelschadens entwickelten viele Patienten eine bullöse Keratopathie.

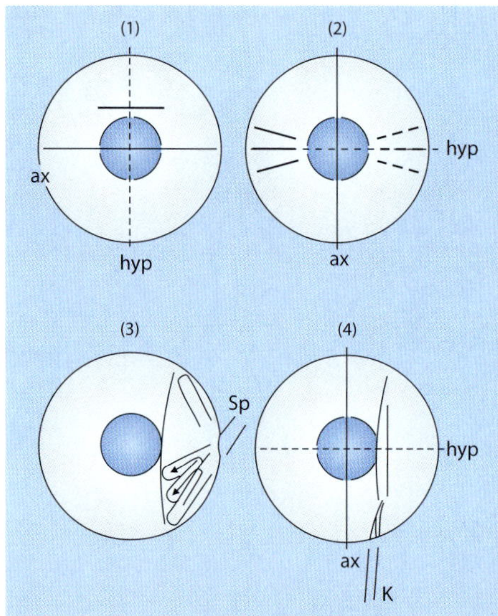

Abb. 1.1: Hintere Halbinzisionen nach Sato zur Astigmatismuskorrektur: (1) tangentiale Methode, (2) radiäre Methode, (3 und 4) tangentiale Methode kombiniert mit lamellärer Präparation.

Die RK mit ausschließlich vorderen Inzisionen wurde erstmals in der Sowjetunion von Janaliew praktiziert. Fyodorow entwickelte die Technik seit 1972 erfolgreich weiter und kommerzialisierte deren Anwendung auch im großen Stil. Es folgte ein gewisser Medizintourismus nach Moskau. Er entwickelte jedoch auch Nomogramme und standardisierte die Techniken (Tab. 1.1) (19,22).

18.-19. Jh.	Linsendiszision/-extraktion zur Myopiekorrektur
1850	Von Graefe: Ab externo-Inzision zur Kataraktchirurgie
1864	Donders: Warnung vor Myopiekorrektur durch Linsenextraktion
1877	Weiss: Astigmatismusänderungen nach Katarakt-OP
1885	Schiötz: Berichtet über Reduktion eines Post-Kat.-OP-Astigmatismus von 19,5 dpt durch Inzision mit Graefe-Messer in der steilen Achse auf 7 Dioptrien
1894	Bates: Inzisionale Techniken zur Astigmatismuskorrektur
1895	Faber: Inzisionale Techniken zur Astigmatismuskorrektur (anterior transverse keratotomy)
1896	Luciola: Nichtperforierende Inzisionen zur Abflachung der Cornea
1897	Lans: Experimentelle Studien zu nichtperforierenden inzisionalen Techniken zur Astigmatismuskorrektur
1939-1960er Jahre	Sato: Anteriore und posteriore Keratotomie
1949	Barraquer: Keratophakia
1963	Barraquer: Freeze-Keratomileusis
1960er Jahre	Jenilew/Fyodorov: Entwicklung der radiären Keratotomie
1960er Jahre	Avco Everett Research Labor: Konzept der "excited dimers"
1964	Krawitz/Pureskin: Zentrale corneale Stromektomie
1967	Pureskin/Krasnov: Bericht über 70 Augen mit RK und transversen Inzisionen
1972	Fyodorov: Anwendung der RK bei Patienten (Fließband-OPs)
1976	IBM Excimer-Laser-Entwicklung
1978	Bores: Einführung der RK in den USA
1980er Jahre	Srinivasan: Argon-Fluorid-Excimer-Laser zur Abtragung von synthetischen und organischen Polymeren
1980	PERK-Studie in den USA beginnt
1980	Kaufmann/Werblin: Epi-Keratoplastik = Epi-Keratophakie
1981	Taboada, Mikesell, Reed: Berichten dass das corneale Epithel sensitiv ist für den 193 nm-Argon-Fluorid-Excimer-Laser
1983	Trokel/Srinivasan: Excimer-Laser an bovinem Hornhautgewebe getestet
1985	Seiler: Erste photorefraktive Keratektomie bei blindem Auge
1986	Ruiz: In situ Keratomileusis mit manuellen Keratom
1986	Moderne phake Vorderkammer- und Hinterkammer IOLs und ICLs
1987	Krumeich/Swinger: Non freeze-Epikeratophakie
1987	Seiler: Erste PRK an sehendem Auge (11 Tage vor geplanter Enukleation)
1988	McDonald: Erste PRK an normal sehendem Auge in den USA
Ende 1980er Jahre	Erste "*lens refilling*"-Studien
Ende 1980er Jahre	Erste Multifokallinsen in der Kataraktchirurgie
1989	Pallikaris: Laser in situ Keratomileusis (LASIK)
1991	Ruiz: Automated Corneal Shaper
1992	Burrato: Excimer-Laser in situ Keratomileusis (ELISK)
1990er Jahre	Weiterentwicklung der Mikrokeratome
Ende 1990er Jahre	Entwicklung der topographiegestützten und wellenfrontgeführten LASIK
2000	Verschiedene Authoren: Laser-assisted subepithelial keratectomy (LASEK)
2002	Pallikaris: Epi-LASIK

Tab. 1.1: Zeitlinie: Entwicklung der refraktiven Chirurgie (auf Vollständigkeit wird keine Gewähr gegeben; nicht alle Entwicklungen und Autoren konnten berücksichtigt werden).

Die RK wurde 1978 in die USA von Bores eingeführt und wurde auch dort konsequent u.a. von Buzard weiterentwickelt. Es stellte sich bei einigen Patienten aber nicht selten eine progressive postoperative Hyperopisierung ein. Lindstrom schlug hierfür die Mini-RK vor, bei der die Einschnitte von der zentralen klaren Zone ausgehend nicht über den inneren 7-8 mm Durchmesser reichten (12, 22).

Die 1980 von dem National Eye Institute ins Leben gerufene prospektive multizentrische **PERK**-Studie konnte allerdings zeigen, dass die RK nur eine mäßige Voraussagbarkeit hat (insbesondere bei Korrekturen > 4 Dioptrien), dass Anisometropien häufig sind und tageszeitliche Refraktions- und Visusschwankungen sehr oft vorkommen. Bei den 4- und 10-Jahreskontrollen zeigte sich auch in dieser Studie bei bis zu 50 % der Patienten eine progressive Hyperopisierung (23).

1.3. Lamelläre hornhautchirurgische Techniken

Barraquer gilt als Vater der lamellären hornhautchirurgischen Techniken. Beginnend in den 1950er Jahren entwickelte er den damaligen technologischen Möglichkeiten entsprechend über 30 Jahre verschiedene Verfahren (6, 12, 22). Bei der **Freeze-Keratomileusis** wird eine Lamelle von der Hornhaut entfernt und auf -30° Celsius tiefgefroren. Dieser Lentikel wird dann auf einer Drehbank bearbeitet und wieder auf der Hornhaut replatziert und angenäht. Barraquer entwickelte die **Keratomileusis** bei Myopie (1964), **Keratophakie** (1965) und **Keratomileusis** bei Hyperopie (1981) (6, 12, 17, 22).

Dieses Verfahren stellte sehr hohe Ansprüche an die Geschicklichkeit des Operateurs. Komplikationen entstanden u.a. durch den Gefriervorgang, der Keratozyten schädigte. Auch wurde chirurgisch nicht selten ein relativ starker Astigmatismus induziert. Krumeich entwickelte die **Non-Freeze-Keratomileusis** (Abb. 1.2), die einige Komplikationen der **Freeze-Keratomileusis** eliminierte, aber immer noch ein sehr anspruchsvolles operatives Verfahren darstellte, welches wiederum nur geringe Verbreitung erfuhr (14, 15, 22).

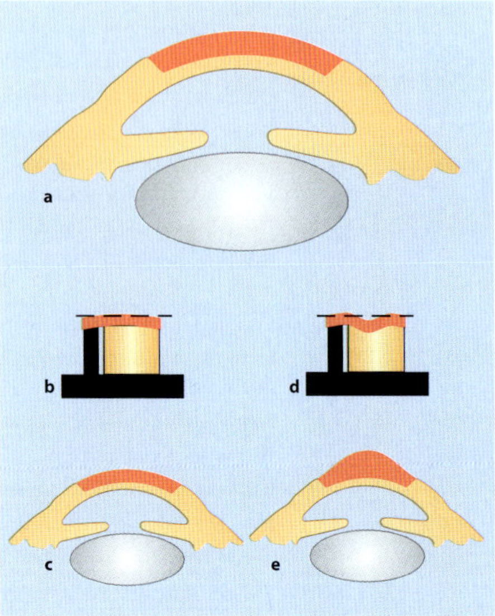

Abb. 1.2: Barraquer-Krumeich-Swinger Non-Freeze-Keratomileusis. a) Schneiden eines 300 µm-Flaps mit dem Mikrokeratom, b) mit dem Epithel nach unten wird der Flap auf eine Vakuumapparatur positioniert und von innen zentral mit einem manuellen Mikrokeratom Gewebe abgetragen, c) der Flap wird aufgenäht, die Hornhaut ist abgeflacht zur Therapie der Myopie, d) mit dem Epithel nach unten wird der Flap auf eine Vakuumapparatur positioniert und von innen perizentral mit einem manuellen Mikrokeratom Gewebe abgetragen, e) der Flap wird aufgenäht, die Hornhaut ist aufgesteilt zur Therapie der Hyperopie.

Ein Schüler Barraquers - Ruiz - entwickelte die **Automatische Lamelläre Keratoplastik (ALK)** oder **Keratomileusis in situ** (Abb. 1.3). In einem ersten Schnitt wird eine oberflächliche Lamelle geringer Dicke erstellt, die nicht ganz durchtrennt wird, und wobei nasal eine Brücke zum Stroma bestehen bleibt. Dann wird als nächster Schritt eine stromale Keratektomie durchgeführt, deren Form und Tiefe die refraktive Korrektur bedingt. Danach wird die erste Lamelle wieder zurückgeschlagen (12, 17, 22).

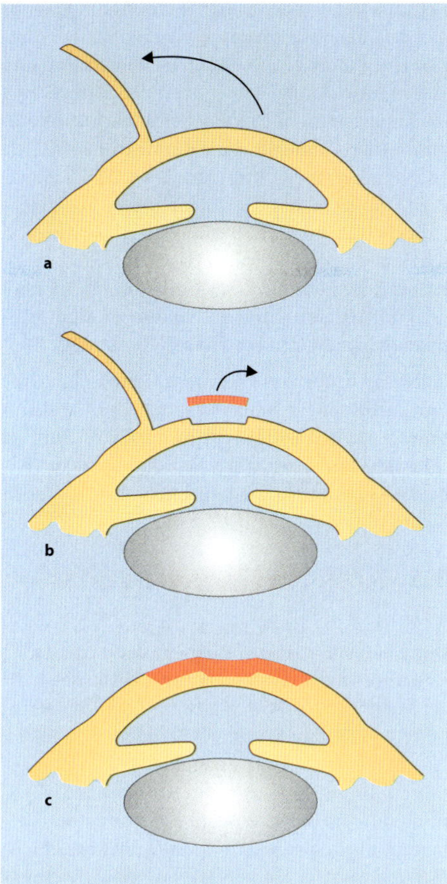

Abb. 1.3: Keratomileusis in situ für Myopie (Automatisierte Lamelläre Keratektomie nach Ruiz, ALK): a) Präparation der Hornhautlamelle, b) Keratektomie, c) Zurückklappen der Hornhautlamelle.

Die laserassistierte intrastromale Keratomileusis = **Laser in situ Keratomileusis** (LASIK) stellt eine moderne Weiterentwicklung der ALK dar. Hier wird nach Schneiden eines oberflächlichen Hornhautdeckels, welcher über ein Scharnier (Hinge) noch mit dem Stroma verbunden bleibt, eine intrastromale Dickenreduktion mittels Excimer-Laser durchgeführt. Pallikaris und Burrato gelten als Pioniere dieser Technik. Der empfohlene Anwendungsbereich der LASIK liegt bei Myopien zwischen -1 bis -8 Dioptrien (8, 18, 22).

1.4. Laserchirurgie der Hornhaut

Bereits 1971 stellte Beckmann die ersten Keratektomien vor, die mit einem gepulsten CO_2-Laser durchgeführt wurden. Wahrscheinlich durch thermische Schäden des Lasers am Gewebe bedingt, kam es jedoch nicht zu einer klinischen Anwendung dieses Systems (7).

Trokel und Srinivasan führten 1983 die ersten Keratektomien mit dem Excimer-Laser an Kadaveraugen durch. Seiler führte 1985 die erste **photorefraktive Keratektomie** (**PRK**) an einem blinden Auge und 1987 an einem sehenden Auge durch (12, 22). MacDonald führte 1989 in den USA die erste PRK durch. Von 1990 bis 1994 erfolgten von verschiedenen Autoren Studien zur PRK. Ab 1995 galt die PRK zur Myopiekorrektur bis 6-7 Dioptrien als wissenschaftlich anerkannt.

Pallikaris stellte 1989 die intrastromale PRK als Kombination der ALK mit dem Excimer-Laser vor. Er prägte den Begriff der **Laser in situ Keratomileusis** (**LASIK**), der bis heute noch Bestand hat und zur Zeit das am meisten verbreitete Verfahren der refraktiven Laserchirurgie darstellt (18). Burrato stellte 1992 ebenfalls eine intrastromale Excimer-Laser-Ablationstechnik vor (**Excimer-Laser in situ Keratomileusis** = **ELISK**) (Abb. 1.4) (8). Hierbei wurde eine etwa 300-350 µm dicke Hornhautlamelle mit einem Mikrokeratom abgetrennt und auf der Innenseite mit den Excimer-Laser behandelt. Danach wurde dieser Lentikel wieder aufgesetzt.

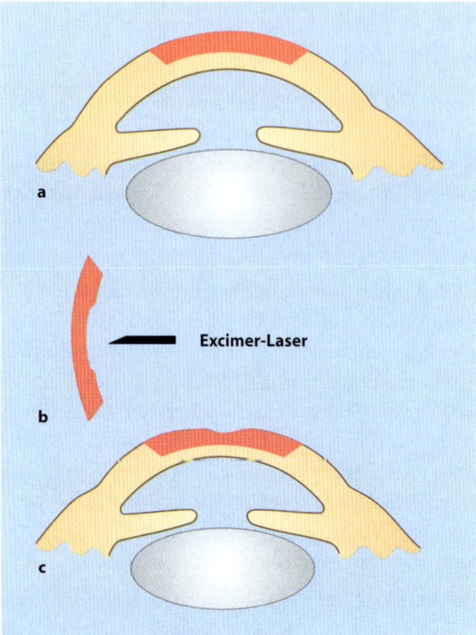

Abb. 1.4: Excimer-Laser in situ Keratomileusis nach Burrato (ELISK): a) Schneiden eines 300 µm-Flaps mit dem Mikrokeratom, b) von innen wird zentral mit einem Excimer-Laser Gewebe abgetragen, c) der Flap wird aufgenäht, die Hornhaut ist abgeflacht zur Therapie der Myopie.

Die LASIK konnte sich durch Weiterentwicklung der Lasergeräte und der Mikrokeratome weltweit am besten etablieren und durchsetzen. Prospektive Studien haben den Indikationsbereich der LASIK auf Korrekturen bis maximal -8 bis -10 Dioptrien festlegen können. Eine Restdicke der inneren Hornhautlamelle von mindestens 250 µm gilt als absolute Grenze um Langzeitkomplikationen, wie eine iatrogene posteriore Keratektasie, zu verhindern.

Die gute Vorhersagbarkeit der modernen LASIK-Technologie führte zur Weiterentwicklung der Ablationsprofile über eine rein sphärische oder zylindrische Korrektur hinaus zur Korrektur optischer Fehler höherer Ordnung. Die wellenfrontgestützte LASIK, die topographiegeführte LASIK und kombinierte Verfahren werden mit verschiedenen Lasersystemen angeboten (22).

Neben dem weiteren Ausbau der Lasertechnologien, zeigten sich aber auch Grenzen und Komplikationsprofile, die bei der LASIK systemimmanent sind. Die Entwicklung einer diffusen lamellären Keratitis (DLK) nach LASIK, Schnittkomplikationen und auch begrenzte Anwendbarkeit bei dünnen Hornhäuten führte zu einer Renaissance und Weiterentwicklung von Oberflächenablationen im Sinne von modifizierten PRKs. Die **LASEK (laserassistierte subepitheliale Keratektomie)** wurde von verschiedenen Chirurgen als Verfahren entwickelt, bei dem das Hornhautepithel als kleines Läppchen chirurgisch abgetragen und nach der Laserbehandlung wieder über das Stroma ausgebreitet wird. Das Epithel kann hierbei durch Alkohol oder mit anderen chirurgischen Präparationstechniken gelockert und verschoben werden.

Pallikaris propagierte als neue Entwicklung die **Epi-LASIK**, bei der über ein spezielles Mikrokeratom ein epithelialer Flap geschnitten wird. Zur Zeit sind diese Verfahren in der Erprobung und im klinischen Einsatz. Langzeitergebnisse sind aber noch nicht publiziert.

1.5. Andere refraktive Verfahren

Intrastromale corneale Ringsegmente (Intacs^{TM}) eignen sich zur Korrektur geringer bis mittelgradiger Myopien ohne Astigmatismus. Reynolds stellte bereits 1978 das Konzept vor, in die periphere Hornhaut intrastromal einen PMMA-Ring einzuführen. Erst 1991 wurde dies zum ersten Mal klinisch durchgeführt. Obwohl ein Vorteil des Verfahrens in einer gewissen Reversibilität besteht, ist es nur in einem kleinen refraktiven Bereich anwendbar und hat sich gegenüber den laserchirurgischen Techniken nicht durchgesetzt.

Eine Veränderung der Hornhautkrümmungsradien durch Kauterisation wurde bereits im 19. Jahrhundert z.B. bei Keratokonus praktiziert. In den 1980er Jahren wurde die radiäre **Laser-Thermokeratoplastik (LTK)** zur Hyperopiekorrektur entwickelt. Zunächst wurde ein Erbium-Glas-Laser, dann der Holmium-YAG-Laser benutzt. Durch die Laserbehandlung kommt es zur stromalen Kontraktion des Kollagens in der Hornhaut. Die Hyperopiekorrekturen neigen jedoch zur Regression (22).

Eine weitere chirurgische Maßnahme zur refraktiven Chirurgie stellen phake Intraokularlinsen dar (5, 10). Sie werden zusätzlich zur natürlichen Linse entweder als irisfixierte Vorderkammer-IOL, als kammerwinkelgestützte Vorderkammer-IOL oder als sulkusfixierte Hinterkammerlinse (intraokulare Kontaktlinse = ICL) angeboten und können gerade in dem Bereich, der außerhalb der laserchirurgischen Korrekturmöglichkeiten liegt, angewendet werden (weitere Details siehe Kap. 3.).

Literatur

1. Apple DJ, Auffarth GU, Peng Q, Visessook N: Foldable Intraocular Lenses: Evolution, Clinicopathologic Correlations and Complications. SLACK Incorporated (Verlag), Thorofare, NJ, USA, 2000

2. Auffarth GU, Apple DJ: Zur Entwicklungsgeschichte der Intraokularlinsen. Der Ophthalmologe (2001) 98; 1017-1028

3. Auffarth GU, Dick HB: Multifokale Intraokularlinsen: Eine Übersicht. Der Ophthalmologe (2001) 98; 127-137

4. Auffarth GU: Akkommodative Intraokularlinsen. Der Ophthalmologe (2002) 99; 809-810

5. Auffarth GU: Phake Intraokularlinsen: Der Ophthalmologe 2004; 101: 229-231

6. Barraquer JI. Keratomileusis for myopia and aphakia. Ophthalmol 1981;88:701-708

7. Beckmann H, Rota A, Barraco R. Limbectomies, keratectomies and keratotomies performed with a rapid pulsed CO2-Laser. Am J Ophthalmol 1071; 71:1 277-1283

8. Burrato L, Ferrara M, Rama P. Excimer laser intrastromal keratomileusis. Am J Ophthalmol. 1992;113:291-295

9. Faber E. Operative Behandeling von Astigmatisme. Nederl. Tijdschr v. Geneesk 1895;31:495-496

10. Fechner PU, Strobel J, Wichmann W. Correction of myopie by implantation of a concave Worst iris claw lens into phakic eyes. Refract Corneal Surg. 1991;7(4)286-298

11. Fukalla V. Heilung hochgradiger Kurzsichtigkeit. Graefes Arch f. Ophthalmologie 1890;36:330

12. Gimbel HV, Anderson Penno EE (Eds.). LASIK Complications: Prevention and management. SLACK Incorp. (Publ.)Thorofare, NJ, 1998

13. Kaufman HE, Werblin TP. Epikeratophakia for the treatment of keratoconus. Am J Ophthalmol 1982 ;93: 342

14. Krumeich JH, Knülle A. Non-freeze Epikeratophakie. Fortrschr Ophthalmol 1990;87:20-24

15. Krumeich JH, Swinger CA. Non-freeze epikeratophakia. Am J Ophthalmology 1987;103:397-403

16. Lans LJ. Experimentelle Untersuchungen über die Entstehung von Astigmatismus durch nicht-perforierende Corneawunden. Graefes Arch Clin Exp Ophthalmol. 1898;45:117-152

17. Machat JJ, Slade SG, Probst LE (Eds.) The art of LASIK. 2nd Edition, SLACK Incorp. (Publ.)Thorofare, NJ, 1998

18. Pallikaris I, Papatsianaki M, Siganos D et al. A corneal flap technique for laser in situ keratomileusis. Arch Ophthalmol 1991;145:1699-1702

19. Pureskin NP. Weakening ocular refraction by means of partial stromectomy of cornea under experimental conditions. Vestnik Oftalmologii. 1967;80(1):19-24

20. Sato T, Akiyama K, Shibata H. A new surgical approach to myopia. Am J. Ophthalmol. 1953;36:823-829

21. Schiötz H. Ein Fall von hochgradigen Hornhautastigmatismus nach Starextraktion. Besserung auf operativen Wege. Arch f. Augenheilkunde 1885;15:178-181

22. Seiler T (Ed.) Refraktive Chirurgie der Hornhaut. Georg Thieme Verlag, Stuttgart, New York, 2000

23. Waring III GO, Lynn MJ, McDonnell PJ. Results of the prospective evaluation of radial keratotomy (PERK) study 10 years after surgery. Arch Ophthalmol. 1994; 112(10):797-853

Fehlsichtigkeiten: Myopie, Hyperopie, Astigmatismus, Presbyopie

2. Fehlsichtigkeiten: Myopie, Hyperopie, Astigmatismus, Presbyopie

Wichtige okuläre Bestandteile für die Ausprägung des Refraktionsstatus sind die Hornhaut mit vorderer und hinterer Oberflächenkrümmung, die Vorderkammertiefe, die Linsendicke und die Tiefe der Glaskörperhöhle sowie die refraktiven Indizes der okularen Medien.

Schon während der Entwicklung des Fetus, über die Kindheit bis ins Erwachsenenalter unterliegen diese Komponenten einer ständigen Veränderung. Dabei kann man zwischen passiven und aktiven Prozessen unterscheiden, um den emmetropen Zustand des Auges zu erhalten (1).

Die Refraktion des Fetus beträgt in der 30. bis 35. Schwangerschaftswoche ca. +1,0 Dioptrien und reduziert sich auf +0,4 Dioptrien zum Geburtstermin bedingt durch eine Reifung von Hornhaut und Linse (2). Der passive Prozess beruht nach der Geburt auf einer Verlängerung des Auges. Bis zum dritten Lebensjahr kommt es zu einem starken Längenwachstum (ca. 5 mm). In den darauf folgenden zehn Jahren verlangsamt sich das Längenwachstum auf 0,1 mm pro Jahr (3). Zwischen dem 14. und 18. Lebensjahr findet noch ein geringes Wachstum von durchschnittlich 0,05 mm pro Jahr statt (4, 5). Insgesamt vergrößert sich postnatal der Durchmesser des Auges um ca. 40 % und das Volumen um ca. 300 %. Gleichzeitig wird durch dieses Wachstum die Brechkraft des optischen Systems proportional zur Augenlänge reduziert: Die Hornhautbrechkraft verringert und stabilisiert sich durch eine Verlängerung des Krümmungsradius, die Brechkraft der Linse reduziert sich durch einen vergleichbaren Mechanismus und die Vorderkammer vertieft sich. Aktive Mechanismen werden durch verschiedene Regulationssysteme gesteuert. Sie können als eine Art Feinregulierung der passiven Veränderungen angesehen werden. Wichtig hierfür sind vor allem die Informationen der Netzhaut über die Bildschärfe, wodurch die Augenlänge erneut angepasst wird. Dadurch wird versucht, den Zustand der Emmetropie zu erhalten (1).

Von Bedeutung für die Emmetropieausbildung ist insbesondere auch eine generelle Sehfähigkeit des Auges. In einigen Tierstudien konnte gezeigt werden, dass ein früher postnataler Lidverschluss zu einer Myopieentwicklung führt (6). Ebenfalls ist bekannt, dass Refraktionsfehler durch Lidhämangiome, Ptosis, Retinopathie bei Frühgeborenen, neonataler Lidverschluss sowie andere Anomalien in der frühen Lebensphase entstehen können. Durch einen Lidverschluss können aufgrund mechanischer Einwirkungen Veränderungen der Hornhautkrümmung und -topographie verursacht werden (3).

Die Gesamtbrechkraft des optischen Systems des menschlichen Auges setzt sich aus den einzelnen brechenden Medien zusammen:

1. Hornhautbrechkraft (im Durchschnitt 43 Dioptrien)
2. Vorderkammerwasserbrechkraft (geringe Wirkung)
3. Brechkraft der natürlichen Linse (im Durchschnitt 21 Dioptrien)
4. Glaskörperbrechkraft (geringe Wirkung)

Emmetropie liegt vor, wenn die genannten Komponenten einfallende, parallele Lichtstrahlen so brechen, dass der Fokuspunkt auf der Netzhaut (Fovea) liegt. Durch ein unausgeglichenes Verhältnis zwischen den einzelnen Kompartimenten des Auges kann sich eine Fehlsichtigkeit (Ametropie) entwickeln, d.h. ein Bild wird nicht scharf auf der Netzhaut abgebildet. Als Ursache werden Wachstumsprozesse vor allem des hinteren Augenabschnittes, sprich des Glaskörpers, genannt. Als Auslöser wird auch die retinale Bildunschärfe postuliert. Ferner werden weitere Faktoren wie intraokularer Druck, vasoaktive intestinale Faktoren, insulinähnliche Wachstumsfaktoren (IGF), Dopamin und Linsenwachstumsfaktoren als Regulatoren für das postnatale Augenwachstum diskutiert (2).

Die Ametropie kann bezüglich des Fokuspunktes einfallender Lichtstrahlen unterteilt werden in:

- Myopie (zu starke Brechkraft des optischen Systems in Verhältnis zur Bulbuslänge)
- Hyperopie (zu geringe Brechkraft des optischen Systems in Verhältnis zu Bulbuslänge)
- Astigmatismus

Myopie

Eine Myopie von maximal 2 Dioptrien wird als physiologische Myopie bezeichnet. In der Mehrzahl der Fälle ist die Achse zu lang (1 mm Länge entspricht ca. 3 Dioptrien), seltener ist die Brechkraft zu groß (z.B. Katarakt, Keratokonus, Linsenverlagerung). Bei der Myopie vereinigen sich parallel einfallende Strahlen bereits vor der Netzhaut im Glaskörper. Danach divergieren die Strahlen wieder und auf der Netzhaut wird ein unscharfes Bild abgebildet. Eine Korrektur wird durch konkave Gläser (Minusgläser, Zerstreuungsgläser) ermöglicht (Abb. 2.1).

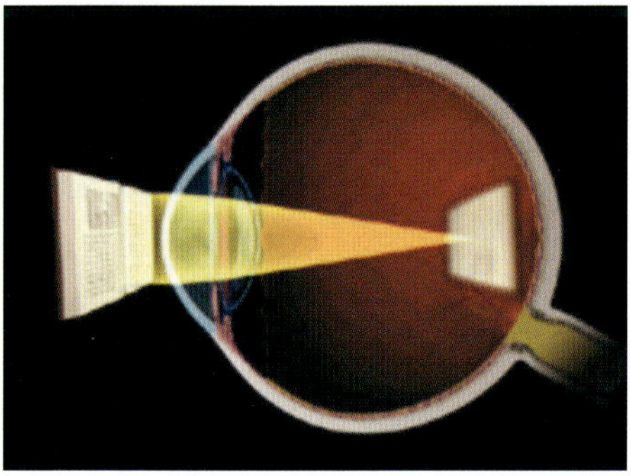

Abb. 2.1: Kurzsichtigkeit.

Zur Entstehung der Myopie existieren Hinweise, dass häufiges Lesen in der Kindheit zur Ausbildung von Myopie führen kann. Zusätzlich gibt es aber auch noch ethnische Zusammenhänge bezüglich der Myopie. So konnte in Studien gezeigt werden, dass Myopie sehr häufig bei Asiaten und Juden zu finden ist, bei Afro-Amerikanern jedoch weitaus seltener eine Myopie vorgefunden wird.

Hyperopie

Bei der Hyperopie ist das Auge meist im Verhältnis zur Brechkraft zu kurz gebaut. Seltener ist die Brechkraft zu gering (z.B. Aphakie). Parallel einfallende Strahlen werden in diesem Fall erst hinter der Netzhaut vereinigt, auf der Netzhaut selbst entsteht dadurch ein unscharfes Bild. Eine Korrektur wird durch konvexe Gläser (Plusgläser, Sammelgläser) ermöglicht (Abb. 2.2).

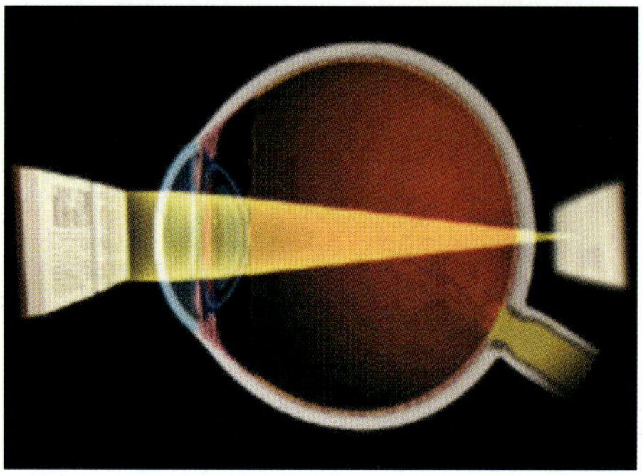

Abb. 2.2: Weitsichtigkeit.

Astigmatismus

Ist die Hornhaut nicht kugelförmig gewölbt, werden Lichtstrahlen nicht in einem Punkt auf der Netzhaut vereinigt, sondern als Linie abgebildet. Am häufigsten liegt eine stärkere Brechung im vertikalen Meridian vor (Astigmatismus rectus, Astigmatismus mit der Regel). In umgekehrtem Fall (Brechung im horizontalen Meridian stärker) spricht man von einem Astigmatismus inversus bzw. gegen die Regel. Neben einem cornealen Astigmatismus kann auch ein durch die Linse verursachter (lentikulärer) Astigmatismus vorliegen (Abb. 2.3).

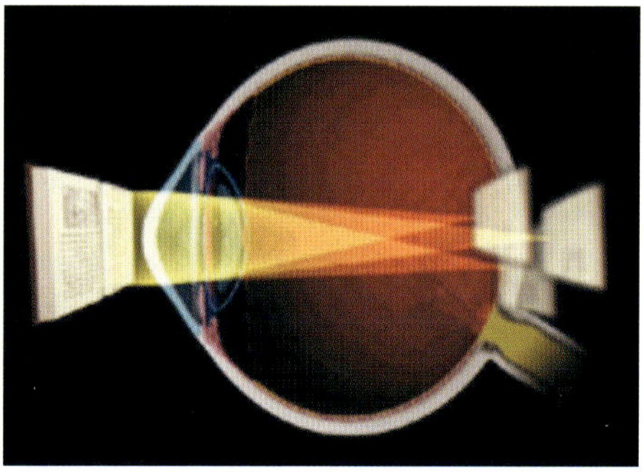

Abb. 2.3: Astigmatismus.

Ein Astigmatismus bis zu 1 Dioptrie wird als physiologisch angesehen. In Studien zeigte sich, dass etwa 15 % der Erwachsenen einen Astigmatismus von mehr als 1 Dioptrie aufweisen und nur 2 % über 3 Dioptrien liegen. Oftmals liegen hohe Astigmatismen in Kombination mit hoher Myopie oder in Folge von intraokularen Eingriffen (z.B. Keratoplastik, perforierende Verletzungen, Kataraktchirurgie mit älteren Operationstechniken) vor.

Presbyopie

Die Alterssichtigkeit (Presbyopie) tritt aufgrund eines zunehmenden Akkommodationsverlustes der natürlichen Linse durchschnittlich im Alter zwischen 37 und 45 Jahren in Erscheinung. Es konnte in Studien gezeigt werden, dass ein Zusammenhang zwischen Wohngegend (Nähe zum Äquator) bzw. Jahresdurchschnittstemperatur und erstmaligem Auftreten der Presbyopie besteht. So tritt in Indien die Presbyopie bereits mit 37 Jahren auf, wohingegen in Israel dies erst mit 41, in Japan mit 42, in Großbritannien mit 45 und in Norwegen mit 46 Jahren in Erscheinung tritt. Betrachtet man jedoch die Gesamtzahl der Presbyopen in der Bevölkerung, so findet sich in den äquatornahen Ländern, oftmals Entwicklungsländer, ein geringerer prozentualer Anteil.

Eine Korrektur erfolgt in der Regel mittels Lesebrille mit einer Stärke von ca. 3 Dioptrien bei vollkommenem Akkommodationsverlust. Als "Erfinder" der Lesebrille gelten die Chinesen, welche im Jahre 1270 von Marco Polo bereits Brille tragend gesehen wurden. Im gleichen Jahrhundert entwickelten die Italiener Alessandro della Spina, ein Dominikanermönch, und sein Freund der Physiker Salvino degli Armati, auf dessen Grabstein die Inschrift "Erfinder der Brille" eingraviert ist, eine Lesebrille. Die erste bifokale Brille wurde von dem späteren amerikanischen Präsidenten Benjamin Franklin im Jahr 1760 entwickelt.

Abb. 2.4: Benjamin Franklin, Unterzeichner der amerikanischen Unabhängigkeitserklärung und Erfinder der bifokalen Brille.

Literatur

1. Brown NP, Koretz JF, Bron AJ: The development and maintenance of emmetropia. Eye. 1999;13 (Pt 1):83-92

2. Fong DS: Postnatal ocular growth and its regulation. Int Ophthalmol Clin. 1992 Winter;32(1):25-33

3. Grosvenor T, Goss DA: Role of the cornea in emmetropia and myopia. Optom Vis Sci. 1998 Feb;75(2):132-45

4. Fledelius HC: Ophthalmic changes from age of 10 to 18 years. A longitudinal study of sequels to low birth weight. IV. Ultrasound oculometry of vitreous and axial length. Acta Ophthalmol (Copenh). 1982 Jun;60(3):403-11

5. Zadnik K: The Glenn A. Fry Award Lecture (1995). Myopia development in childhood. Optom Vis Sci. 1997 Aug;74(8):603-8

6. Raviola E, Wiesel TN: An animal model of myopia. N Engl J Med. 1985 Jun 20;312(25):1609-15

Chirurgische Möglichkeiten der Refraktionskorrektur

3. Chirurgische Möglichkeiten der Refraktionskorrektur

Neben der refraktiven Laserchirurgie haben sich die linsenchirurgischen Maßnahmen immer differenzierter herausgebildet. Im akkommodationsfähigem Alter bieten sich für myope und hyperope Patienten phake Intraokularlinsen an, die bei der Ametropiekorrektur die Akkommodationsfähigkeit erhalten lassen.

Liegt eine extrem hohe Ametropie vor und/oder sprechen verschiedene anatomische Parameter gegen phake IOL (Vorderkammertiefe < 2,8-3 mm; Endothelzellzahl < 2.000-2.200; P-IOL-Stärke nicht vorhanden) so bietet sich u.U. ein refraktiver Linsenaustausch an - mit Implantation von Monofokal-IOLs oder torischen IOLs - im Presbyopenalter mit Multifokal-IOLs oder akkommodativen IOLs.

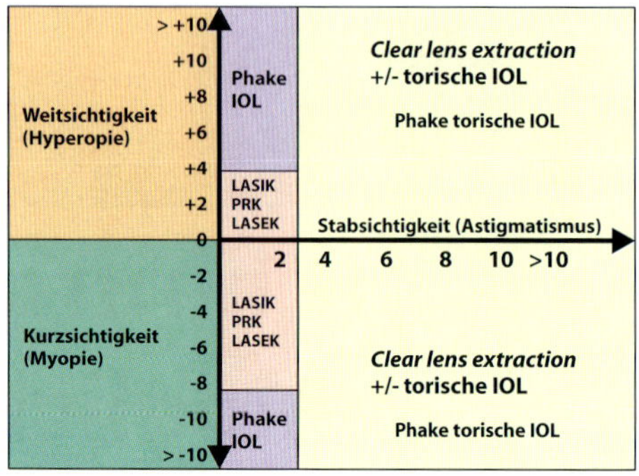

Abb. 3.1: Möglichkeiten der refraktiven Chirurgie in Abhängigkeit von sphärischer und astigmatischer Korrektur. Das Schema stellt eine grobe Zuordnung der Refraktionsbereiche dar.

3.1. Phake Intraokularlinsen und Einsatzbereiche

Die refraktive Chirurgie von Fehlsichtigkeiten hat sich in den letzten 15 Jahren enorm weiterentwickelt und einen festen Stellenwert in der Ophthalmologie erreicht. Die refraktive Hornhautchirurgie hat eine immer weitere Verbreitung gefunden, wenngleich der Anwendungsbereich der laserchirurgischen Techniken sich in Bezug auf die zu behandelnden Fehlsichtigkeiten wieder mehr verkleinert hat.

Die refraktive Intraokularlinsenchirurgie zeigt nun eine ähnliche Weiterentwicklung und Diversifizierung der Systeme und Implantate wie die Kataraktchirurgie und die Faltlinsen anfangs der 90er Jahre. Da die rein hornhautchirurgische Behandlung von Fehlsichtigkeiten nur einen bestimmten Teil des Spektrums abdeckt, insbesondere auch wenn man das Alter der Patienten mit einbezieht (Abb. 3.1 und 3.2), haben sich mit den phaken Intraokularlinsen verschiedene Therapiekonzepte für die mittel- bis höhergradigen Fehlsichtigkeiten entwickelt (7, 9-11).

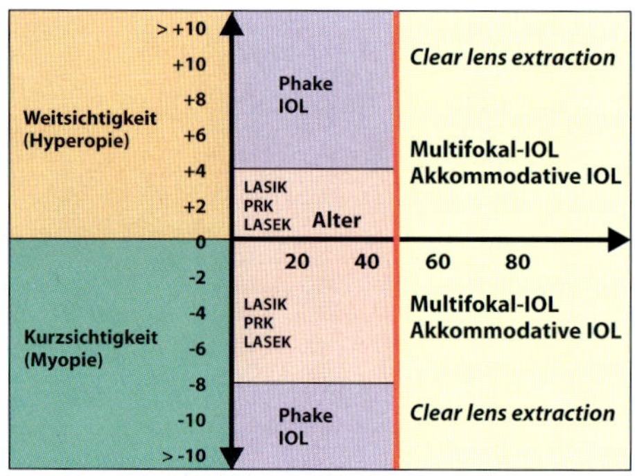

Abb. 3.2: Möglichkeiten der refraktiven Chirurgie in Abhängigkeit von sphärischer Korrektur und Patientenalter. Das Schema stellt eine grobe Zuordnung der Refraktionsbereiche dar. Ab der 4.-5. Lebensdekade überwiegen linsenchirurgische Methoden zur Refraktions- aber auch Presbyopiekorrektur.

Fehlsichtigkeiten mit einer Intraokularlinse zu korrigieren ist nichts Neues. Jede Hinterkammerlinsenimplantation nach der Kataraktoperation ist ein refraktiver Eingriff zur Korrektur der Aphakie. Über die Entfernung der klaren Linse zur refraktiven Korrektur der Myopie wurde schon Ende des vorletzten Jahrhunderts auf den ersten Sitzungen der Deutschen Ophthalmologischen Gesellschaft (DOG) debattiert. Ende der achtziger und Anfang der neunziger Jahre wurden vielen aphaken Patienten der ICCE (Intraokuläre Kataraktextraktion)-Ära sekundär Intraokularlinsen zum Refraktionsausgleich implantiert - als nahtfixierte Hinterkammerlinse, irisfixierte Linse oder kammerwinkelgestützte Vorderkammerlinse (Abb. 3.3).

Es ist nicht verwunderlich, dass gerade die irisfixierten IOLs und kammerwinkelgestützten Vorderkammerlinsen nun auch als phake IOLs implantiert werden. Über 30 Jahre Erfahrungen mit diesen Implantaten im Bereich der Kataraktchirurgie haben hier die Entwicklungen vorangetrieben. Die phaken Hinterkammerlinsen profitierten in ihrer Entwicklung von den Erfahrungen mit Faltlinsenmaterialien in der Kataraktchirurgie. Hier sind insbesondere die modernen hydrophilen Acrylate und hochbrechenden Silikone aufzuführen. Die Abb. 3.4 bis 3.6 fassen tabellarisch die heutzutage auf dem Markt befindlichen phaken Intraokularlinsen zusammen.

Die phaken Intraokularlinsen lassen sich aufgrund ihres Implantationsortes in Vorderkammer- und Hinterkammer-IOL einteilen. Die Vorderkammer-IOL wiederum lassen sich in kammerwinkelgestützte und irisfixierte phake IOL unterteilen.

3.1.1. Kammerwinkelgestützte phake Vorderkammer-IOL

Aus den klassischen Vorderkammerlinsen (VKL), die in der Kataraktchirurgie verwendet wurden, haben sich verschiedene phake VKL entwickelt.

Vivarte/GBR-M

Die Vivarte/GBR-M (Abb. 3.4) (Fa. Ciba Vision, Fa. IOLTech) ist eine faltbare, einstückige, kammerwinkelgestützte phake IOL zur Myopiekorrektur. Sie besteht aus einem z.T. faltbaren Acrylmaterial. Die 5,5 mm-Optik ist faltbar und die Tripod-Haptiken sind rigide mit weichen Auflagepunkten. Sie ist in den Größen 12,0; 12.5 und 13,0 mm verfügbar (Lieferbereich: -7,0 bis -22,0 dpt).

Vivarte Presbyopic

Die Vivarte Presbyopic (Abb. 3.4) hat prinzipiell das gleiche Design und besteht aus dem gleichen Material wie die Vivarte-IOL. Sie besteht jedoch aus einer multifokalen Optik mit zwei Fern- und einer Nahzone, woraus eine Nahaddition von +2,5 dpt resultiert (Lieferbereich: -5,0 bis +5,0 dpt in 0,5 Dpt-Schritten).

Icare

Die Icare (Abb. 3.4) (Fa. Corneal) ist eine faltbare, einstückige, kammerwinkelgestützte phake IOL aus hydrophilem Acryl mit 26 % Wassergehalt. Sie ist in den Größen 12,0; 12,5; 13,0 und 13,5 mm verfügbar (Lieferbereich: -20,0 bis +10,0 dpt). Sie kann über eine ca. 3,0 mm-Inzision mittels Injektor implantiert werden.

Kelman Duet

Die Kelman Duet (Abb. 3.4) (Fa. Tekia) ist eine zweistückige, kammerwinkelgestützte phake IOL zur Myopiekorrektur. Sie besteht aus einer PMMA-Haptik im Tripod-Design (verfügbar in den Größen 12,0; 12,5; 13,0 und 13,5 mm) und einer 5,5 mm bikonkaven Silikonoptik (Lieferbereich: -8,0 bis –20,0 dpt in 1 Dpt-Schritten), die im Auge in die Haptik eingehängt wird. Dadurch kann die Implantation der beiden Teile durch eine Inzision von ca. 2 mm vorgenommen werden, wobei die Optik mittels Injektor eingeführt wird.

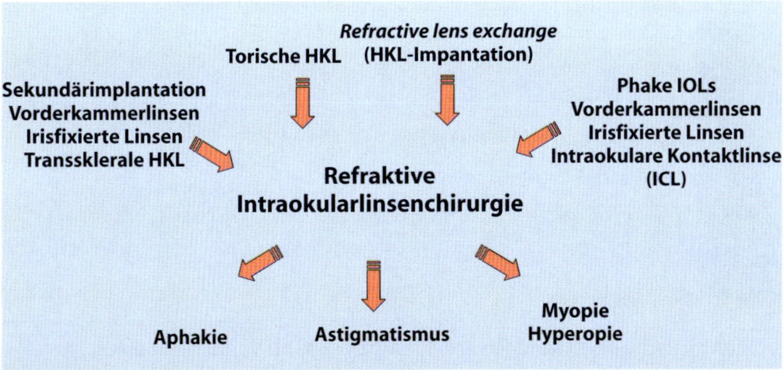

Abb. 3.3: Einsatzgebiete der refraktiven Intraokularlinsenchirurgie.

Kammerwinkelgestützte phake Vorderkammer-IOL				
	Modell	Material	Größe	Lieferbereich
	Vivarte/GBR-M (Ciba Vision) (IOL-Tech)	Faltbares Acrylat	Optik: 5,5 mm Haptik: 12,0; 12,5; 13,0 mm	-7,0 bis -22,0 dpt
	Vivarte Presbyopic (Ciba Vision) (IOL-Tech)	Faltbares Acrylat	Optik: 5,5 mm Haptik: 12,0; 12,5; 13,0 mm	-5,0 bis +5,0 dpt Nahaddition: 2,5 dpt
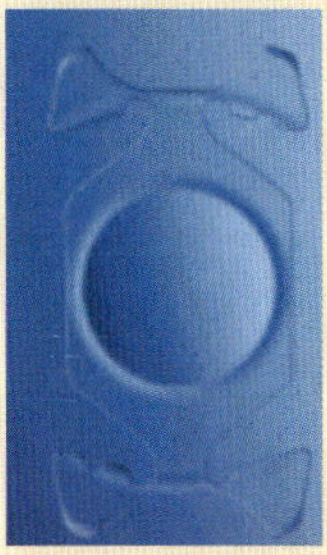	Icare (Corneal)	Hydrophiles Acrylat (26 % Wassergehalt)	Optik: 5,75 mm Haptik: 12,0; 12,5; 13,0; 13,5 mm	-20,0 bis +10,0 dpt
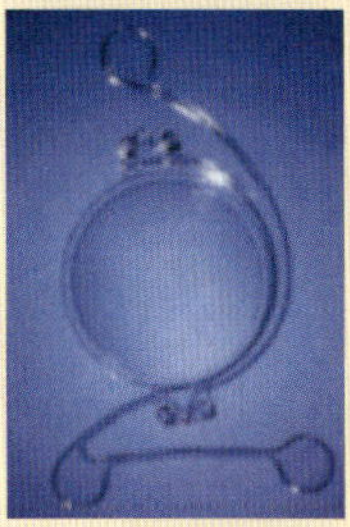	Kelman Duet (Tekia, Acrimed)	PMMA Haptik Silikon Optik	Optik: 5,5 mm Haptik: 12,0; 12,5; 13,0; 13,5 mm	-20,0 bis -8,0 dpt

Abb. 3.4: Auflistung verschiedener kammerwinkelgestützter phaker Vorderkammer IOL.

3.1.2. Irisfixierte phake Vorderkammer-IOL

Bereits 1986 implantierten Worst und Fechner die ersten irisfixierten Linsen in phaken Augen zur Myopiekorrektur.

Sphärische Artisan/Verisyse

Die sphärische Artisan/Verisyse ist eine einstückige, irisfixierte phake IOL aus PMMA (Perspex CQ-UV). Sie ist die phake Linse mit der längsten klinischen Anwendungserfahrung. Die Modelle 204 bzw. 205 (Abb. 3.5) haben eine konvex-konkave Optik von 6,0 bzw. 5 mm und eine Gesamthöhe von 0,95 bzw. 1,04 mm (Lieferbereich: -3,0 bis -15,5 dpt bzw. -3,0 bis -23,5 dpt).

Das Modell 203 (Abb. 3.5) hat eine 5,0 mm bikonvexe Optik, eine Gesamthöhe von 1,0 mm und ist in einem Dioptrienbereich von +1,0 bis +12,0 dpt verfügbar. Alle aufgeführten Modelle besitzen einen maximalen Gesamtdurchmesser von 7,5 bis 8,5 mm.

Torische Artisan/Verisyse

Die torische Artisan/Verisyse besteht aus dem gleichen Material wie die sphärischen Artisan-PIOL und wird ebenso mittels der Haptiken entsprechend dem bestehenden Astigmatismus irisfixiert. Sie hat eine 5,0 mm konvex-konkave, torische Optik bestehend aus einer Kombination einer sphärischen Vorderseite und einer sphärozylindrischen Rückseite (Abb. 3.5) (Lieferbereich: Torus von 2 bis 7 dpt).

Irisfixierte phake Vorderkammer-IOL				
	Modell	Material	Größe	Lieferbereich
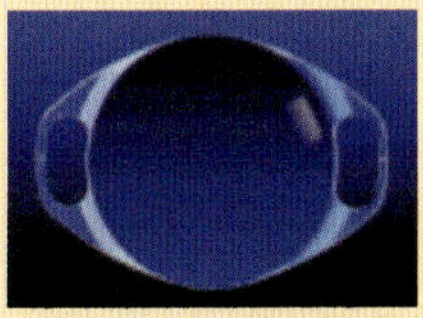	204 Artisan/Verisyse (Ophtec, AMO)	PMMA, konvex-konkav	Optik: 6,0 mm Haptik: 8,5 mm	-15,5 bis -3,0 dpt
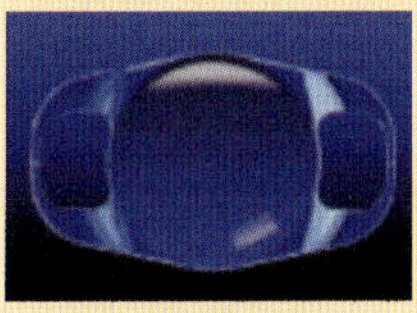	205 Artisan/Verisyse (Ophtec, AMO)	PMMA, konvex-konkav	Optik: 5,0 mm Haptik: 8,5 und 7,5 mm	-23,5 bis -3,0 dpt
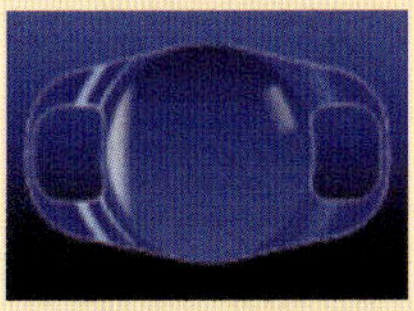	203 Artisan/Verisyse (Ophtec, AMO)	PMMA, bikonvex	Optik: 5,0 mm Haptik: 8,5 und 7,5 mm	+1,0 bis +12,0 dpt
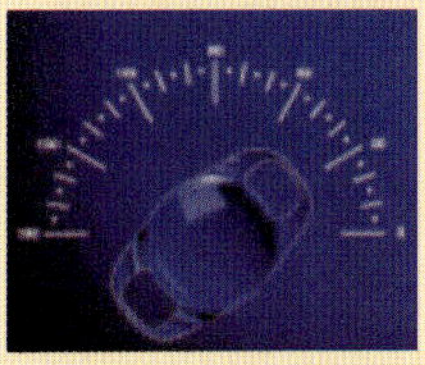	Torische Artisan/Verisyse (Ophtec, AMO)	PMMA, konvex-konkav	Optik: 5,0 mm Haptik: 8,5 mm	Torus: 2 bis 7 dpt

Abb. 3.5: Auflistung verschiedener irisfixierter phaker Vorderkammer-IOL.

Artiflex

Die Artiflex (Fa. Ophtec) ist eine dreistückige, faltbare, irisfixierte phake IOL zur Myopiekorrektur (Dioptrienbereich -2,0 bis -12,0 dpt) mit einer Silikonoptik und PMMA-Haptiken. Sie hat einen Gesamtdurchmesser von 8,5 mm mit einer 6,0 mm-Optik und kann durch eine 3,2 mm-Inzision implantiert werden.

3.1.3. Sulkusfixierte phake Hinterkammer-IOL

ICL (*intraocular contact lens*)

Die ICL (Abb. 3.6) (Fa. Staar) ist eine faltbare, einstückige, sulkusfixierte phake Hinterkammerlinse, die seit 1993 in Europa eingesetzt wird. Mit der ICL kann sowohl die Myopie (ICM) als auch die Hyperopie (ICH) korrigiert werden (Lieferbereich: -3,00 bis -20,00 dpt und von +3,00 bis +17,00 dpt). Die Optik hat eine Größe und optische Zone von 4,5 bis 5,5 mm. Die ICL besteht aus Collamer, einem Co-Polymer aus Kollagen und Poly-HEMA. In den Größen 11,0; 11,5; 12,0; 12,5 und 13,0 mm steht die ICL zur Implantation über eine Inzision von etwa 2,5 mm Größe zur Verfügung. Die präoperative Vorderkammertiefe sollte mindestens 2,8 mm betragen.

PRL (*phakic refractive lens*)

Die PRL (7) (Fa. Ciba Vision) ist ebenfalls eine faltbare, einstückige, hinterkammergestützte phake IOL zur Korrektur der Myopie und Hyperopie, die auf der natürlichen Linse schwimmen soll. Sie ist in den Dioptrienbereichen -5,00 bis -17,00 dpt und +3,5 bis +13,5 dpt verfügbar und besteht aus hochrefraktivem Silikon.

Das Modell 100 hat einen Gesamtdurchmesser von 10,8 mm, das Modell 101 von 11,3 mm und das Modell 200 von 10,6 mm. Die Implantation kann über eine Inzision von etwa 3,5 mm mittels Injektor vorgenommen werden. Auch hier sollte die präoperative Vorderkammertiefe mindestens 2,8 mm betragen.

Sulkusfixierte phake Hinterkammer-IOL				
	Modell	Material	Größe	Lieferbereich
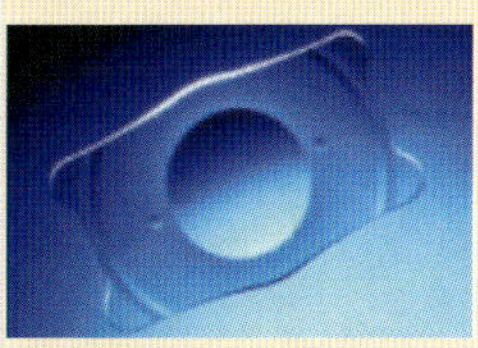	ICL (Staar)	Collamer	Optik: 4,5-5,5 mm Haptik: 11,0; 11,5; 12,0; 12,5; 13,0 mm	-20 bis -3,0 dpt +3,0 bis +17,0 dpt
	100, 101 PRL (Ciba Vision)	Silikon	Gesamt: 10,8 (100) 11,3 (101) mm	-17 bis -5,0 dpt
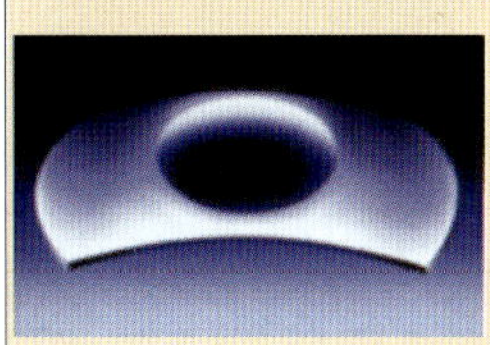	200 PRL (Ciba Vision)	Silikon	Gesamt: 10,6 (200) mm	+3,5 bis +13,5 dpt

Abb. 3.6: Auflistung verschiedener sulkusfixierter phaker Hinterkammer IOL.

3.1.4. Komplikationen phaker IOL

Das Komplikationsprofil der phaken Intraokularlinsen ist sehr kritisch zu betrachten. Auch stellt sich hier die Frage, ob alles was technisch machbar ist, auch medizinisch-ethisch immer sinnvoll ist. Bei den hochgradigen Ametropien ist allerdings der Begriff der "*lifestyle surgery*" heutzutage nicht mehr angebracht. Ein Vorteil der phaken Implantate besteht im Vergleich zur Laserchirurgie der Hornhaut sicherlich in der Reversibilität durch Explantation der Linsen. Ein weiterer intraokularer Eingriff hat jedoch auch wieder ein nicht zu unterschätzendes Komplikationspotenzial.

Kontrollierte prospektive multizentrische Studien haben gezeigt, dass die verschiedenen phaken Implantate zu durchaus guten funktionellen Ergebnissen mit geringen Komplikationsraten führen können (2, 5, 12-14). Die Studienteilnehmer sind allerdings in der Regel sehr erfahrene refraktive und insbesondere auch mikrochirurgisch sehr versierte Operateure. Ein hohes Komplikationspotenzial der phaken Implantate geht vom chirurgischen Eingriff selbst aus. Eine phake IOL gehört in die Hand eines erfahrenen Linsenchirurgen, nicht in die eines reinen Laserchirurgen.

Allen phaken IOL gemein ist die Tatsache, dass bei der Implantation prinzipiell die gleichen potenziellen Risiken, wie bei jeden anderen intraokularen Eingriffen auftreten können - bis hin zur Endophthalmitis (16).

Des Weiteren ist bei allen drei Typen ein Pupillarblock möglich, daher ist immer eine Iridotomie oder Iridektomie zu empfehlen.

Mögliche Komplikationen von kammerwinkelgestützten phaken Vorderkammer-IOL sind ein Endothelzellschaden oder eine Pupillenovalisierung. Bei zu kleinem Durchmesser kann es außerdem zu einer Dezentrierung der Linse kommen.

Bei den irisfixierten phaken IOL kann es zu Irisatrophie, zu einem Endothelzellschaden oder einer subklinischen Entzündungsreaktion kommen.

Eine häufige Komplikation von phaken Hinterkammer-IOL ist die Entwicklung einer vorderen subkapsulären Katarakt. Die Inzidenz der Kataraktentwicklung wird z.B. bei der ICL zwischen 3,5 % (3) und 24 % angegeben. Als weitere mögliche Komplikationen sind bei den phaken Hinterkammer-IOL ein Pigmentdispersionsyndrom aufzuführen. Es ist leider auch nicht verwunderlich, dass in der Population der hochmyopen Patienten von verschiedenen Autoren das Auftreten einer Ablatio retinae beschrieben wurde (17).

Die Anzahl der kontrollierten prospektiven Studien zum Thema phake IOLs hat in den letzten Jahren deutlich zugenommen (1-5, 8, 12-15). Auf dem Kongress der ASCRS (American Society of Cataract and Refractive Surgery) im letzten Jahr beschäftigten sich etwa 10-15 % der Beiträge mit diesem Thema (Abb. 3.7). Auch hier sind gerade Langzeitstudien unabdingbar. Bei den irisfixierten Intraokularlinsen kann man aufgrund der Erfahrungen in der Kataraktchirurgie und aufgrund ihres längeren Einsatzes in der refraktiven Chirurgie die Langzeitverträglichkeit recht gut abschätzen. Bei den phaken Hinterkammerlinsen ist die Frage der Kataraktbildung immer noch kontrovers (3, 4), bei den verschiedenen Vorderkammerlinsentypen ist das "*sizing*" der Implantate immer noch ein möglicher Komplikationsfaktor. Als Kontraindikationen gelten nach der DOG-Komission für Refraktive Chirurgie (KRC) grundsätzlich Kollagenosen, Behandlungen unter dem 18. Lebensjahr, eine instabile Refraktion, ein Glaukom und eine symptomatische Katarakt. Außerdem sollten die Patienten einen Kammerwinkel von über 30°, eine Endothelzelldichte von mindestens 2.200 Zellen/mm^2 und keine Uveitis in ihrer Anamnese aufweisen.

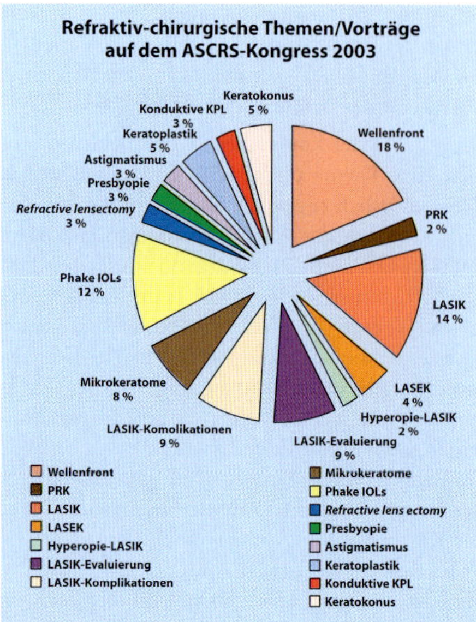

Abb. 3.7: Verteilung der refraktiv-chirurgischen Beiträge auf dem Kongress der ASCRS 2003. Etwa 10-15 % der Beiträge beschäftigten sich mit phaken Intraokularlinsen.

Patienten mit phaken Implantaten müssen sehr gut und ausführlich aufgeklärt werden. Auch wenn die phaken Implantate nicht mehr pauschal als experimentell einzuordnen sind, so weisen sie doch recht spezifische Komplikationsspektren auf, die dem Patienten verständlich gemacht werden sollten. Es ist daher auch eine gewisse Disziplin bezüglich der Nachbeobachtung zwingend erforderlich. Die nächsten Jahre werden zeigen, welche phaken Implantate die geringsten Komplikationen und besten Langzeitergebnisse vorweisen können.

Literatur

1. Bleckmann H, Keuch RJ: Implantation of spheric phakic posterior chamber intraocular lenses in astigmatic eyes. J Cataract Refract Surg. 2002;28(5):805-9

2. Dick HB, Alio J, Bianchetti M, Budo C, Christiaans BJ, El-Danasoury MA, Guell JL, Krumeich J, Landesz M, Loureiro F, Luyten GP, Marinho A, Rahhal MS, Schwenn O, Spirig R, homann U, Venter J.: Toric phakic intraocular lens: European multicenter study. Ophthalmology. 2003;110(1):150-62

3. Garcia-Feijoo J, Hernandez-Matamoros JL, Mendez-Hernandez C, Castillo-Gomez A, Sanchez-Galeana CA, Smith RJ, Sanders DR, Rodriguez FX, Litwak S, Montes M, Chayet AS: Lens opacities after posterior chamber phakic intraocular lens implantation. Ophthalmology. 2003;110(4):781-5.

4. Garcia-Feijoo J, Hernandez-Matamoros JL, Castillo-Gomez A, Lazaro C, Mendez-Hernandez C, Martin T, Martinez de la Casa JM, Garcia-Sanchez J: High-frequency ultrasound biomicroscopy of silicone posterior chamber phakic intraocular lens for hyperopia. J Cataract Refract Surg. 2003;29(10):1940-6.

5. Gross S, Knorz MC, Liermann A, Troost R, Weigold S, Jendritza B, Liesenhoff H: [Results of implantation of a Worst Iris Claw Lens for correction of high myopia] Ophthalmologe. 2001;98(7):635-8

6. Kodjikian L, Gain P, Donate D, Rouberol F, Burillon C: Malignant glaucoma induced by a phakic posterior chamber intraocular lens for myopia. J Cataract Refract Surg. 2002 Dec;28(12):2217-21.

7. Kohnen T: Searching for the perfect phakic intraocular lens.J Cataract Refract Surg. 2000;26(9):1261-2

8. Lazaro C, Martin T, Cuina-Sardina R, Garcia-Sanchez J: Ultrasound biomicroscopy of silicone posterior chamber phakic intraocular lens for myopia. J Cataract Refract Surg. 2003;29(10):1932-9.

9. Neuhann T: Corneal or lens refractive surgery? J Refract Surg. 1998;14(3):272-3.

10. Neuhann T: Intraocular contact lens. Pro. Ophthalmologe. 1999;96(11):749-50

11. O'Brien TP, Awwad ST: Phakic intraocular lenses and refractory lensectomy for myopia. Curr Opin Ophthalmol. 2002;13(4):264-70

12. Ravalico G, Botteri E, Baccara F: Long-term endothelial changes after implantation of anterior chamber intraocular lenses in cataract surgery. J Cataract Refract Surg. 2003;29(10):1918-23.

13. Saxena R, Landesz M, Noordzij B, Luyten GP: Three-year follow-up of the Artisan phakic intraocular lens for hypermetropia. Ohthalmology. 2003;110(7):1391-5.

14. Tehrani M, Dick HB, Schwenn O, Blom E, Schmidt AH, Koch HR: Postoperative astigmatism and rotational stability after artisan toric phakic intraocular lens implantation.J Cataract Refract Surg. 2003;29(9):1761-6.

15. Landesz M, Worst JG, van Rij G: Long-term results of correction of high myopia with an iris claw phakic intraocular lens. J Refract Surg. 2000;16: 310-6

16. Perez-Santonja JJ, Ruiz-Moreno JM, de la Hoz F, Giner-Gorriti C, Alio JL: Endophthalmitis after phakic intraocular lens implantation to correct high myopia. J Cataract Refract Surg. 1999;25: 1295-8

17. Alio JL, Ruiz-Moreno JM, Artola A: Retinal detachment as a potential hazard in surgical correction of severe myopia with phakic anterior chamber lenses. Am J Ophthalmol. 1993;115: 145-8

3.2. Refraktiver Linsenaustausch mit multifokalen Intraokularlinsen

Der Akkommodationsverlust bedeutet für presbyope Patienten subjektiv eine deutliche Einbuße an Lebensqualität. Da eine multifokale Ablation der Hornhaut zur Zeit nicht möglich ist, stellt die refraktive Linsenchirurgie (*refractive lens exchange*) mit Implantation von Multifokal-IOL (MIOL) eine sinnvolle Alternative bei älteren (etwa > 45 Jahre) refraktiven Patienten dar. Insbesondere hyperope Patienten profitieren von der Entfernung der Linse mit gleichzeitiger Implantation einer Multifokallinse.

Während "*clear lens extractions*" bei hochmyopen Patienten in gewisser Weise schon seit Beginn der Kataraktchirurgie durchgeführt wurden, stellt der refraktive Linsenaustausch mit MIOL-Implantation eine Therapieoption für den presbyopen, emmetropen oder hyperopen Patienten dar. Als PRELEX-Verfahren wird hierbei die Entfernung der klaren Linse mit Implantation einer speziellen MIOL (AMO Array MIOL) bezeichnet (3, 6).

Multifokallinsen (MIOL) unterschiedlichen Aufbaus werden seit Ende der achtziger Jahre im Rahmen der Kataraktchirurgie implantiert. Die ersten MIOL waren vom refraktiven 2-3 Zonendesign und vom diffraktiven Typ. In den ersten Jahren waren aufgrund der chirurgischen Techniken Komplikationen wie MIOL-Dezentrierungen und ein induzierter Astigmatismus nicht selten. Zusätzlich zeigten alle MIOL-Typen aus physikalisch optischen Gründen ein herabgesetztes Kontrastsehvermögen und eine erhöhte Blendempfindlichkeit. Die neueren Entwicklungen der letzten Jahre auf diesem Sektor, wie die faltbaren, multizonal-progressiven, refraktiven MIOL oder neue asphärische diffraktive MIOL-Modelle, haben, insbesondere mit den verbesserten linsenchirurgischen Techniken, viele dieser initialen Probleme überwunden, so dass Multifokallinsen heutzutage neben der reinen Aphakiekorrektur auch zur refraktiven Linsenchirurgie eingesetzt werden (1-6, 8-16).

Die heutzutage gängigen Multifokallinsen beruhen auf den optischen Prinzipien der Diffraktion und/oder der Refraktion. Folgende Gruppen lassen sich einteilen:

- 1. Diffraktive bifokale IOL
- 2. Refraktive bi- oder multifokale IOL
- 3. Sonstige MIOL-Konzepte (Kombinationen von diffraktiven und refraktiven Prinzipien etc.)

3.2.1. Diffraktive IOL

Das von Thomas Young bereits Ende des 18. Jahrhunderts beschriebene Prinzip der Beugung (= Diffraktion) ist das zugrunde liegende Prinzip der diffraktiven Multifokallinsen (2, 3, 6, 10, 13, 21, 22, 28). Abb. 3.8a+b stellt schematisch den Diffraktionsversuch von Young dar. Geht das Licht durch zwei eng nebeneinander liegende Spalten, so wird es gebeugt. Die beiden Spalten stellen zwei kohärente Lichtquellen dar, die eine Überlagerung von Lichtwellen erzeugen können (Interferenz). Je nach Phasenbeziehung und Amplitudenstärke der Lichtwellen können diese sich hinter den Spalten verstärken oder gegenseitig auslöschen. Es entstehen als Abbildungen auf einer Ebene verschiedene Interferenzbilder (0. Ordnung, 1. Ordnung, 2. Ordnung etc.).

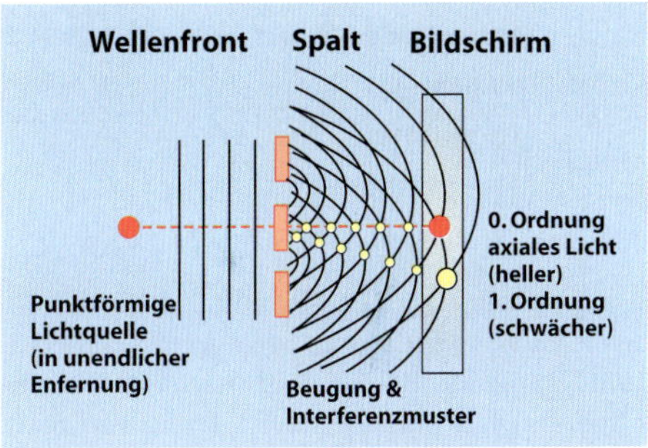

a

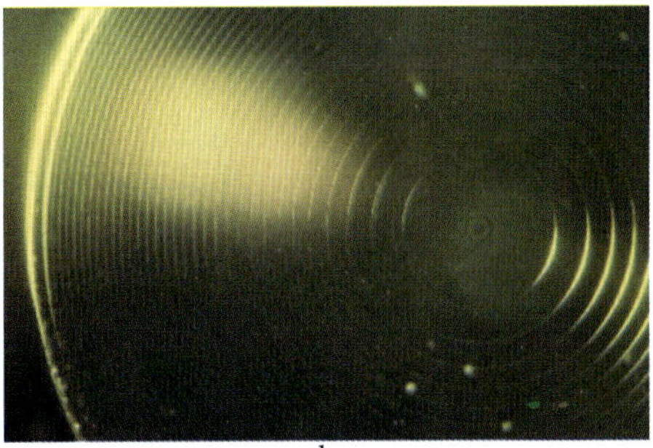

b

Abb. 3.8a+b: Schematische Darstellung des diffraktiven Prinzips nach Young.

Diffraktive MIOL bestehen aus einer sphärischen refraktiven Vorderfläche und einer diffraktiv wirksamen Rückfläche. An der Rückfläche wirken ca. 30 konzentrische Ringe mit einer Stufenhöhe von 2 μm als Phasengitter zur Beugung der einfallenden Lichtstrahlen, die auf einen Fern- und Nahpunkt gebündelt werden (Abb. 3.9). Im Prinzip sind diffraktive MIOL Kombinationen von Sammellinsen und Fresnelscher Phasenplatte.

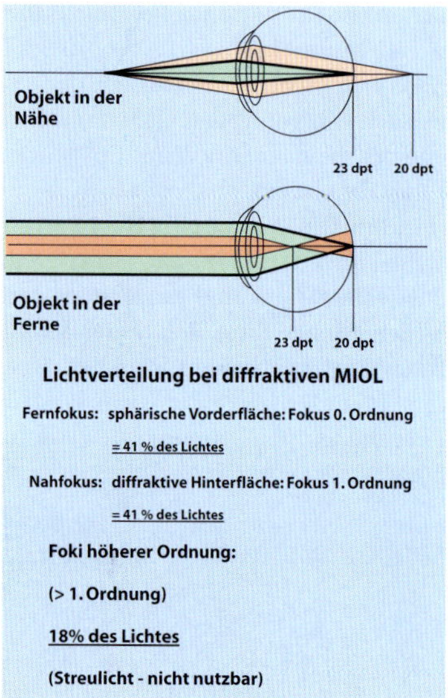

Abb. 3.9: Lichtverteilung bei diffraktiver MIOL.

Aus physikalischen Gründen entfallen bei diffraktiven MIOL 41 % des Lichtes auf jeweils den Fern- und Nahpunkt, 18 % gehen als Streulicht verloren (Abb. 3.9). Der Vorteil des diffraktiven Prinzips ist, dass an jeder Stelle der Optik die gleiche Abbildung bei konstanter Beleuchtung erfolgt, der bifokale Effekt somit unabhängig von Pupillendurchmesser und der Zentrierung ist.

Beispiele für diffraktive MIOL sind die Pfizer 811e PMMA IOL, die Pfizer Tecnis asphärische Multifokal-IOL oder die Alcon ReStor MIOL mit einem zentralen etwa 3 mm umfassenden diffraktiven Anteil (Abb. 3.11).

3.2.2. Refraktive bi- und multifokale IOL

Das optische Prinzip der refraktiven MIOL unterscheidet sich grundsätzlich von dem der diffraktiven Linsen. Bei refraktiven Bifokal- oder Multifokallinsen werden zwei oder mehrere sphärische Zonen unterschiedlicher Refraktion in der Regel auf der Vorderseite der Linse angelegt. John Pearce implantierte 1986 die erste MIOL im Menschen (3, 6, 24-27). Es handelte sich um eine Zweizonen-Linse mit einem zentralen Nahteil von 2 mm (Addition +4 dpt) und einem peripheren Fernteil, der den Rest der 7 mm-Optik umfasste. Das Konzept der Linse bestand darin, dass bei Blick in die Nähe eine Nahmiosis der Pupille entsteht, wodurch vorwiegend der Nahteil der Linse wirksam wird, während bei Fernblick die Pupille weiter ist und der periphere Fernteil genutzt werden kann. Mehrere Studien zeigten, dass sich mit Zweizonen-MIOL eine gute Pseudoakkommodation erzielen lässt. Diese ist jedoch von einer optimalen Zentrierung und dem Pupillendurchmesser abhängig (6, 14-20).

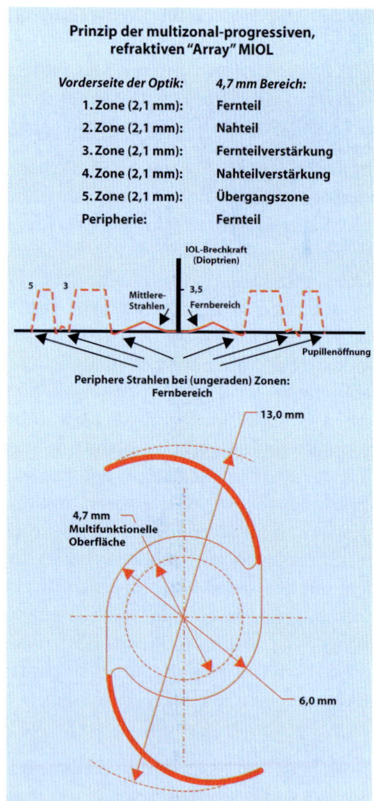

Abb. 3.10: Prinzip der multizonal-progressiven, refraktiven Array MIOL.

Multifokale IOL in der refraktiven Chirurgie			
	Modell	Material	Prinzip
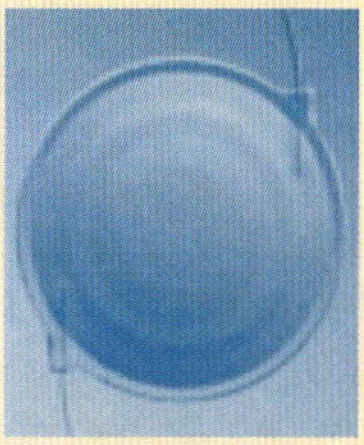	AMO Array SA40	Silikon	Multizonal refraktiv
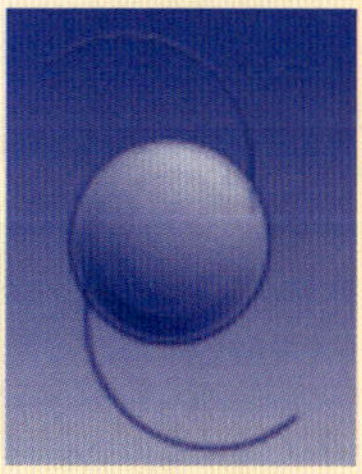	AMO Array2 (Clariflex)	Silikon	Multizonal refraktiv
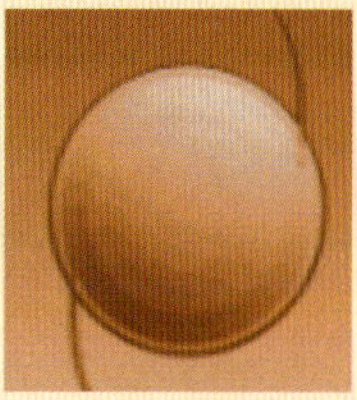	AMO Array2 (Sensar)	Hydrophobes Acrylat	Multizonal refraktiv
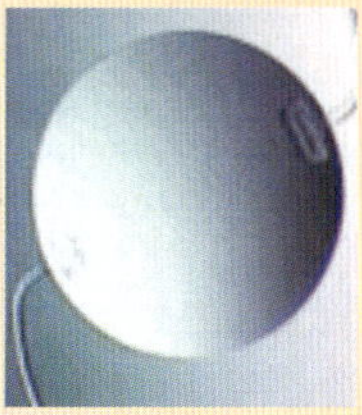	Pfizer Tecnis MIOL	Silikon	Diffraktiv asphärisch
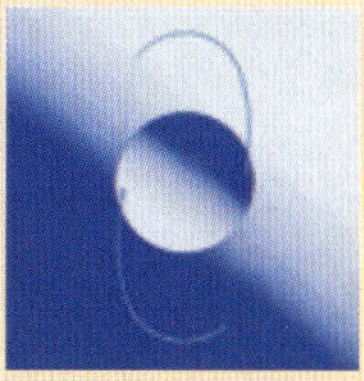	Alcon ReSTOR MIOL	Hydrophobes Acrylat	Diffraktiv

Abb. 3.11: Beispiele refraktiver und diffraktiver MIOL.

Eine weitere sehr erfolgreiche Entwicklung innerhalb der Gruppe der refraktiven MIOL mit sphärisch-asphärischer Oberfläche stellt die von der Firma AMO entwickelte Linse ("Array-MIOL") mit 5 refraktiven Zonen auf der Vorderfläche dar. Durch die asphärisch-progressive Optik soll eine "echte" Multifokalfunktion mit verbesserter Abbildung im intermediären Bereich zwischen Nah- und Fernteil erzielt werden (3-9, 14-20, 23-27).

Die Vorderseite der Optik umfasst auf einem zentralen Durchmesser von 4,7 mm insgesamt 5 refraktive Zonen mit asphärischer wellenförmiger Oberfläche. Die zentrale 2,1 mm-Zone ist als Fernteil angelegt, weist aber auch einige intermediäre Brennpunkte auf. Jede weitere Zone erzeugt, ausgehend von einem zentralen Fernteil, zur Peripherie hin eine progressive Nahaddition bis +3,5 dpt. Abb. 3.10 führt die verschiedenen Zonen auf. Bei einem Durchmesser der Pupille bis ca. 1,8 mm wird nahezu ausschließlich der Fernteil der Linse genutzt, was sich zum Beispiel beim Autofahren unter Blendbedingungen oder auch bei Vorliegen einer Altersmiosis günstig auf das Kontrastsehen auswirken kann. Durch das multizonal-progressive Funktionsprinzip ist wegen dem fließenden Übergang zwischen den einzelnen refraktiv wirkenden Zonen mit einem im Vergleich zu anderen refraktiven Bifokallinsen reduzierten Auftreten von Streulicht zu rechnen (3, 6).

Die z.Z. auf dem Markt erhältliche AMO Array MIOL besteht aus hochbrechendem Silikon. Für 2004 ist die Einführung des gleichen MIOL-Prinzips als hydrophobe Acrylat-MIOL (Basis-Model: AMO Sensar AR40E) bzw. als Silikon-MIOL mit verbesserter Optikkante (Basis-Model: AMO Clariflex) geplant (Abb. 3.11).

Literatur

1. Arens B, Freudenthaler N, Quentin CD: Binocular function after bilateral implantation of monofocal and refractive multifocal intraocular lenses. J Cataract Refract Surg. 1999 Mar;25(3):399-404.

2. Auffarth GU, Hunold W, Breitenbach S, Mehdorn E: Longterm results for glare and contrast sensitivity in patients with diffractive multifocal intraocular lenses. European Journal of Implant and Refractive Surgery. 1994; 6: 40-46

3. Auffarth GU, Dick HB: Multifokale Intraokularlinsen: Eine Übersicht. Der Ophthalmologe. 2001; 98; 127-137

4. Brydon KW, Tokarewicz AC, Nichols BD: AMO array multifocal lens versus monofocal correction in cataract surgery. J Cataract Refract Surg. 2000 Jan; 26(1):96-100

5. Dick HB; Krummenauer F; Schwenn O; Krist R, Pfeiffer N: Objective and subjective evaluation of photic phenomena after monofocal and multifocal intraocular lens implantation. Ophthalmology. 1999;106(10):1878-86

6. Dick HB, Eisenmann D, Fabian E, Schwenn O: Refraktive Kataraktchirurgie mit multifokalen Intraokularlinsen. Springer Verlag Berlin, Heidelberg, 1999

7. Eisenmann D, Hessemer V, Manzke B, Stork W, Jacobi KW: Modulations Transfer Funktion und Kontrastsehvermögen bei refraktiven Mehrzonen-Multifokallinsen Ophthalmologe. 1993;90(4):343-7.

8. Eisenmann D, Jacobi FK, Dick B, Jacobi KW: Die Array Silikon-Multifokallinse: Erfahrungen nach 150 Implantationen. Klin Monatsbl Augenheilkd. 1996; 208(5): 270-2.

9. Featherstone KA, Bloomfield J, Lang AJ, Miller-Meeks MJ, Woodworth G, Steinert RF: Driving simulation study: bilateral array multifocal versus bilateral AMO monofocal intraocular lenses. J Cataract Refract Surg. 1998; 25(9):1254-62

10. Grosskopf U; Wagner R; Jacobi FK; Krzizok T: Dämmerungssehvermögen und Blendempfindlichkeit bei monofokaler und multifokaler Pseudophakie. Ophthalmologe. 1998;95(6):432-7

11. Holladay JT, Hoffer KJ: Intraocular lens power calculations for multifocal intraocular lenses. Am J Ophthalmol. 1992;15;114(4):405-8.

12. Holladay JT; Lang A; Portney V: Analysis of edge glare phenomena in intraocular lens edge designs. J Cataract Refract Surg. 1999;25(6):748-52

13. Hunold W, Auffarth GU, Wesendahl TA, Kuck G, Mehdorn E: Pseudoakkommodation von Monofokallinsen und diffraktiven Multifokallinsen. Klinische Monatsblätter für Augenheilkunde. 1993; 202 (1): 19-23

14. Javitt J, Brauweiler H, Jacobi KW, Klemen U, Kohnen S, Quentin C,Teping C, Pham T, Knorz MC, Poetzsch D: Cataract extraction with multifocal intraocular lens implantation:clinical, functional, and quality-of-life outcomes. Multicenter clinical trial in germany and austria (1).J Cataract Refract Surg. 2000;26(9):1356-66.

15. Javitt JC, Steinert RF: Cataract extraction with multifocal intraocular lens implantation : A multinational clinical trial evaluating clinical, functional, and quality-of-life outcomes.Ophthalmology. 2000 ;107(11):2040-8.

16. Javitt JC, Wang F, Trentacost DJ, Rowe M, Tarantino N: Outcomes of cataract extraction with multifocal intraocular lens implantation: functional status and quality of life. Ophthalmology. 1997;104(4):589-99.

17. Keates RH, Pearce JL, Schneider RT: Clinical results of the multifocal lens. J Cataract Refract Surg. 1987; 13(5): 557-60

18. Kohnen T, Koch MJ Refractive aspects of cataract surgery. Curr Opin Ophthalmol. 1998 ;9(1):55-9.

19. Liekfeld A, Pham DT, Wollensak J: Funktionelle Ergebnisse bei bilateraler Implantation einer faltbaren refraktiven multifokalen Intraokularlinse. Klin Monatsbl Augenheilkd. 1995 Nov;207(5):283-6.

20. Liekfeld A, Walkow T, Anders N, Pham DT, Wollensak J: Prospektiver Vergleich zweier Multifokallinsenmodelle. Ophthalmologe (1998);95(4):253-6

21. Lindstrom RL: Food and Drug Administration study update. One-year results from 671patients with the 3M multifocal intraocular lens. Ophthalmology. 1993;100 (1): 91-7.

22. Lindstrom RL Multifocal and bifocal implants. Curr Opin Ophthalmol. 1993;4(1):3-9

23. Negishi K, Bissen-Miyajima H, Kato K, Kurosaka D, Nagamoto T: Evaluation of a zonal-progressive multifocal intraocular lens. Am J Ophthalmol. 1997;124(3):321-30.

24. Pearce JL: Multifocal intraocular lenses. Curr Opin Ophthalmol. 1997;8(1):2-5.

25. Steinert RF: Driving simulation study: bilateral array multifocal versus bilateral AMO monofocal intraocular lenses.J Cataract Refract Surg. 1999;25(9):1254-62.

26. Steinert RF: Visual outcomes with multifocal intraocular lenses. Curr Opin Ophthalmol. 2000; 11(1):12-21

27. Steinert RF, Aker BL, Trentacost DJ, Smith PJ, Tarantino N: A prospective comparative study of the AMO ARRAY zonal-progressive multifocal silicone intraocular lens and a monofocal intraocular lens.Ophthalmology. 1999;106(7):1243-55.

28. Walkow T, Liekfeld A, Anders N, Pham DT, Hartmann C, Wollensak J: A prospective evaluation of a diffractive versus a refractive designed multifocal intraocular lens. Ophthalmology. 1997;104(9):1380-6

3.3. Refraktiver Linsenaustausch mit akkommodativen Intraokularlinsen

Zur simultanen Wiederherstellung eines guten Nah- und Fernvisus im Rahmen eines refraktiven Linsenaustausches bieten sich bei presbyopen Patienten neben Multifokallinsen auch akkommodative Linsenimplantate an (3, 5).

Neben den verschiedenen Multifokal- oder Bifokallinsen existiert eine Vielzahl verschiedener experimenteller Ansätze zum Thema akkommodatives Linsenimplantat. So wurden verschiedene Designs z.B. nach Cumming und Kamman, Payr oder Hara entwickelt (Abb. 3.12), die auf dem Fokus-Shift-Prinzip bzw. einer Bewegung der IOL im Kapselsack beruhten (1-4, 7-11).

Das Funktionsprinzip der 1CU-Humanoptics akkommodativen IOL (Abb. 3.12) beruht ebenfalls auf dem Fokus-Shift-Prinzip. In einer laborexperimentellen Studie mit der Miyake-Apple-Technik konnte die potenzielle Wirksamkeit dieses Prinzipes bei der 1CU-IOL belegt werden (2). Die Linse zeigte bei klinischen Untersuchungen ebenfalls potenzielle akkommodative Fähigkeiten (1, 3, 6, 9, 10). Das Ausmaß und die Stärke der Akkomodationsfähigkeit ist jedoch hinter den Erwartungen zurückgeblieben, schwierig vorherzusagen, individuell unterschiedlich und von verschiedenen Faktoren, wie u.a. dem Alter, abhängig.

Die z.T. sehr guten funktionellen Ergebnisse der 1CU-akkommodativen IOL der Firma Humanoptics sind mit den Messwerten der Vorderkammertiefenänderungen unter Pilocarpin und auch mit dynamischen Aberrationsänderungen nicht immer zu korrelieren (1, 3, 6). Es stellt sich die Frage welche Mechanismen zu den erzielten unkorrigierten Nahvisuswerten beitragen. Neben leicht myopen Restrefraktionen oder Astigmatismen könnten auch Krümmungsänderungen der IOL-Optik oder eine herstellungsbedingte leichte Asphärizität der Linsenvorderfläche zu den zum Teil guten Nahvisusergebnissen führen.

Die klinischen Ergebnisse der AT45 Crystalens der Firma C&C Vision sind ähnlich denen der 1CU. Auch hier sind pseudoakkommodative Einflüsse zu sehen und subjektive Visusangaben nicht immer mit objektiven Messmethoden nachzuvollziehen. Die Linse ist in den USA von der FDA zugelassen (4, 6).

Als weitere Option werden duale Optiksysteme angesehen (7, 8). Die akkommodative IOL Synchrony der Firma Visiogen ist seit 2002 in der klinischen Erprobung. Die Linse besteht aus einer +30 Dioptrien vorderen Optik und einer emmetropisierenden variablen posterioren Minuslinse. Aufgrund dieses optischen Systems sind Akkommodationsbreiten von 2-3 Dioptrien schon bei Bewegungen von unter 1 mm möglich (Abb. 3.13).

Akkommodative IOL in der refraktiven Chirurgie				
		Modell	Material	Prinzip
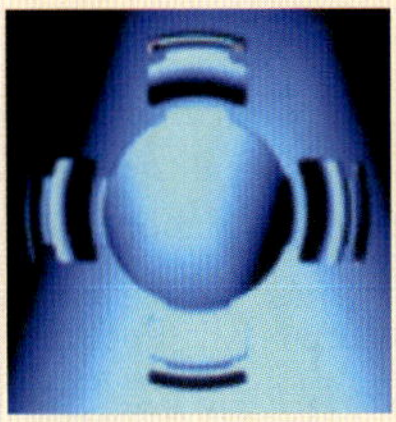	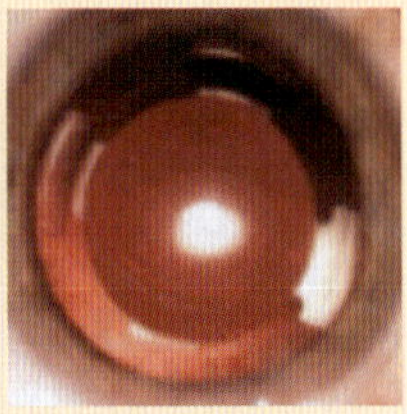	1CU (Humanoptics)	Hydrophiles Acrylat	Focus-Shift
	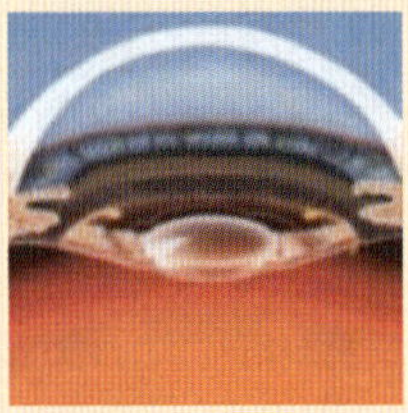	CrystaLens AT 45 (C&C Vision)	Silikon	Focus-Shift
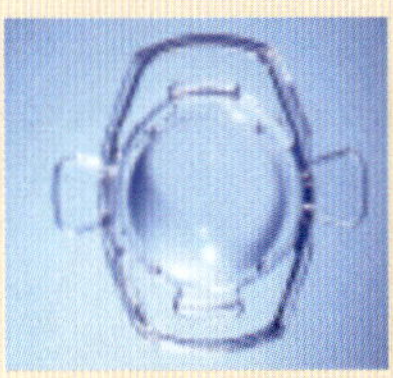	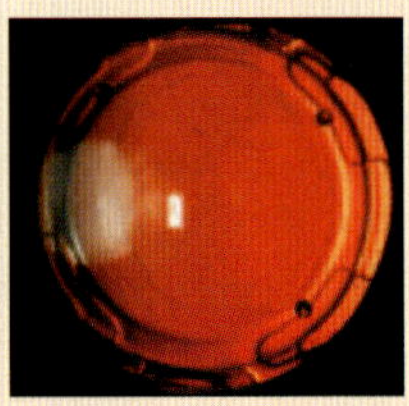	Synchrony (Visiogen)	Silikon	Duales Optiksystem
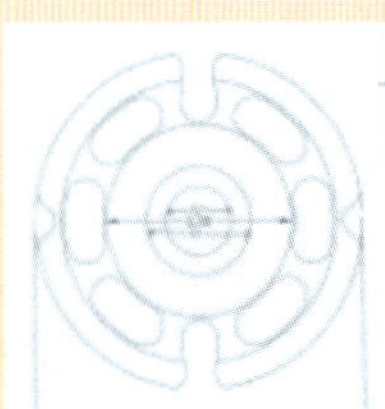	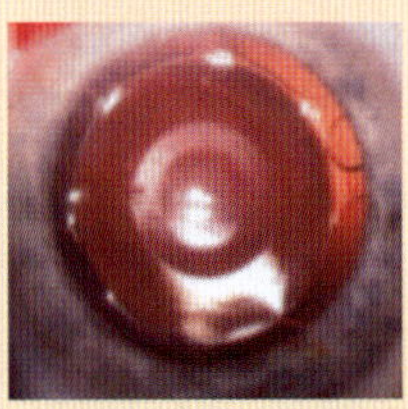	43S (Morcher)	Hydrophiles Acrylat	Anterior Shift + refraktive Addition

Abb. 3.12: Auswahl verschiedener akkommodativer Intraokularlinsen.

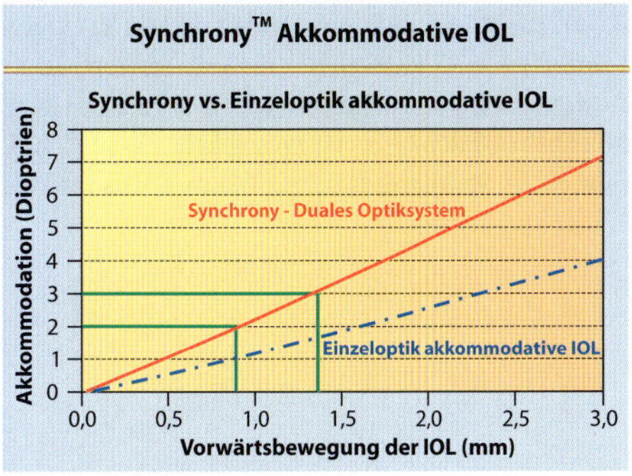

Abb. 3.13: Akkommodationsleistung bei dualem Optiksystem versus Einzeloptik.

Akkommodative Linsenimplantate stellen eine faszinierende Entwicklung der modernen Linsenchirurgie dar. Auch wenn theoretisch mit den zur Zeit auf den Markt befindlichen Implantaten nur Akkommodationsbreiten von 0,75 bis maximal 1,5 Dioptrien zu erwarten und in objektiven Studien auch gemessen worden sind, sind die klinischen Ergebnisse in der Kataraktchirurgie mit nun schon 3 Jahren Nachbeobachtung akzeptabel. Ob sie als refraktive Implantate zur Presbyopiebehandlung im jetzigen Stadium schon geeignet sind, ist kontrovers. Zur objektiven Validierung dieser Linsentypen sind neue Messmethoden und klinische Langzeitstudien zwingend notwendig.

Literatur

1. Auffarth GU, Martin M, Fuchs HA, Rabsilber TM, Becker KA, Schmack I (2002) Validität der Vorderkammertiefenmessungen zur Akkommodationsevaluierung nach Implantation einer akkommodativen Intraokularlinse (Modell Humanoptics 1CU) Der Ophthalmologe 99; 815-819

2. Auffarth GU, Schmidbauer J, Becker KA, Rabsilber TM, Apple DJ (2002) Miyake-Apple-Video-Analyse des Bewegungsmusters einer akkommodativen Intraokularlinse. Der Ophthalmologe 99; 811-814

3. Auffarth GU: Leitthema Akkommodative Intraokularlinsen [Editorial]. (2002) Der Ophthalmologe 99; 809-810

4. Cumming JS, Slade SG et al. (2001) Clinical evaluation of the model AT-45 silicone accommodating intraocular lens: results of feasibility and the initial phase of a Food and Drug Administration clinical trial. Ophthalmology 108(11): 2005-9

5. Dick HB, Eisenmann D, Fabian E, Schwenn O (1999) Refraktive Kataraktchirurgie mit multifokalen Intraokularlinsen. Springer Verlag Berlin, Heidelberg

6. Dick HB, Kaiser S (2002) Dynamische Aberrometrie während der Akkommodation phaker Augen sowie Augen mit potentiell akkommodativer Intraokularlinse. Ophthalmologe 99:825-34.

7. Hara T, Yasuda A et al. (1990) Accommodative intraocular lens with spring action. Part 1. Design and placement in an excised animal eye. Ophthalmic Surg 21(2): 128-33

8. Hara T, Yasuda A et al. (1992) Accommodative intraocular lens with spring action. Part 2. Fixation in the living rabbit. Ophthalmic Surg 23(9): 632-5

9. Kuchle M, Langenbucher A et al. (2001) Erste Ergebnisse nach Implantation einer potentiell akkommodierenden Hinterkammerlinse. Klin Monatsbl Augenheilkd 218(9): 603-8.

10. Kuchle M, Nguyen NX, Langenbucher A, Gusek-Schneider GC, Seitz B (2002) Zwei-Jahres Erfahrungen mit der neuen akkommodativen 1 CU-IOL. Ophthalmologe. Nov;99(11):820-4.

11. Legeais J M, Werner L et al. (1999) Pseudoaccommodation: BioComFold versus a foldable silicone intraocular lens. J Cataract Refract Surg 25(2): 262-7.

3.4. Refraktiver Linsenaustausch mit torischen Intraokularlinsen

Bei Patienten mit ausgeprägten Hornhautastigmatismen (> 3 Dioptrien), die im Rahmen eines refraktiven Linsenaustausches eine Kunstlinse implantiert bekommen, ist die Versorgung mit Standard-Intraokularlinsen oft unbefriedigend.

Neben chirurgischen Techniken, wie den *limbal relaxing incisions* (LRI), der Lokalisation des Schnittes (Temporal/12 Uhr) oder der *opposite clear cornea incision* (OCCI) besteht die Möglichkeit der Korrektur mit torischen Intraokularlinsen. Hierbei unterscheidet man Intraokularlinsen mit Standard-Torus, in der Regel 2-3 Dioptrien, oder individuell hergestellte (*custom made*) torische IOLs mit fast unbegrenztem Spektrum (1-9).

Die Silikonplattenlinse der Firma Staar wird mit einem fixen Torus von 2,0 oder 3,5 Dioptrien angeboten. Auf Höhe der Hornhaut entspricht dies einer Korrektur von 1,54 bzw. 2,30 Dioptrien. Diese torische Linse stellt z.Z. die einzige zugelassene T-IOL in den USA dar (Abb. 3.14).

In Deutschland werden seit Jahren von der Firma Dr. Schmidt/Humanoptics individuell angefertigte torische Intraokularlinsen Modell MS 6116 mit Z-Haptik angeboten (Abb. 3.14). Der Torus wird auf der IOL-Rückfläche angelegt. Es können "*custom made*"-IOLs bestellt werden. Die Ergebnisse der Kataraktchirurgie mit torischen Intraokularlinsen (z.B. auch nach Keratoplastik) sind sehr gut. Auch in der refraktiven Chirurgie werden torische IOL eingesetzt, da nicht selten hochgradige Ametropien auch mit deutlichen Astigmatismen einhergehen. Abb. 3.15 zeigt ein Beispiel einer Patientin mit refraktivem Linsenaustausch mit einer präoperativen Refraktion von -22,5/-3,0/40 Grad, die nach Versorgung mit einer MS 6116 von -3 dpt sphärisch und +6 dpt Torus einen unkorrigierten Visus von 0,5 erreichte (präop. 0,2 bei klarer Linse).

Ein weiteres in Deutschland erhältliches torisches IOL-Modell stellt die Rayner 571 T-IOL dar (Abb. 3.14). Basierend auf dem Modell der einstückigen Centerflex 570 H, welches sich als extrem rotationsstabil herausstellte, wurde eine torische IOL aus hydrophilem Acrylat entwickelt. Diese T-IOL gibt es als Standard-IOL mit fixem Torus und als "*custom made*"-IOL.

Torische IOL in der refraktiven Chirurgie

	Modell	Material	Torus
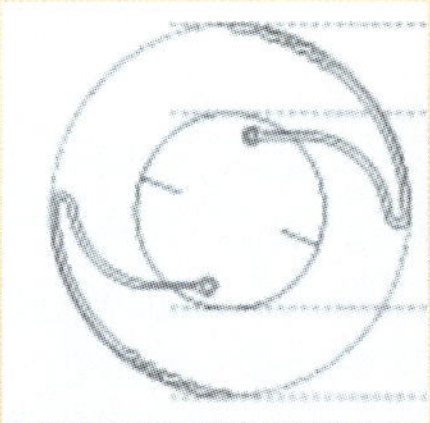 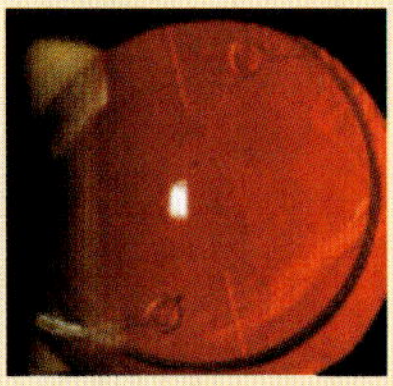	MS 6116 Dr. Schmidt/ Humanoptics	Silikon	Standard und *custom made*
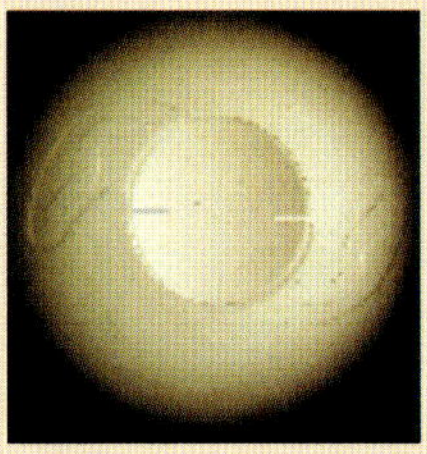 	571 T Rayner	Hydrophiles Acrylat	Standard und *custom made*
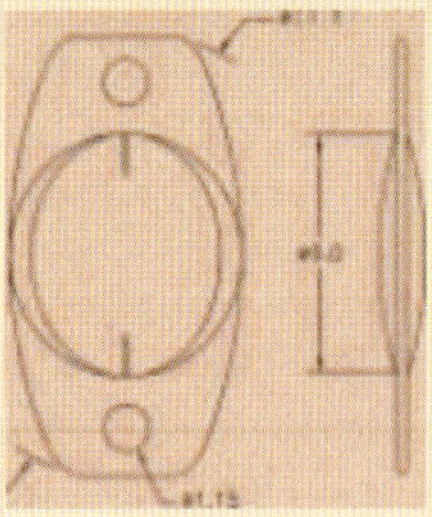 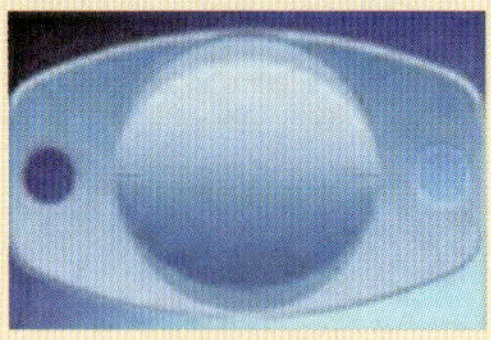	TF 2.0 TF 3.5 Staar	Silikon	+2 dpt bzw. +3,5 dpt Torus

Abb. 3.14: Parameter verschiedener torischer Intraokularlinsen.

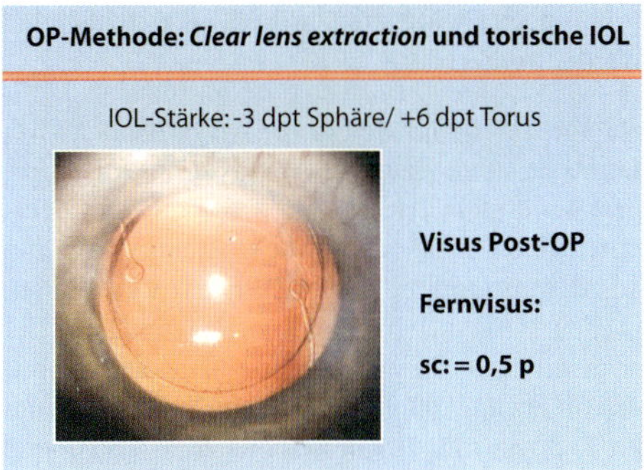

Abb. 3.15: Fallbeispiel eines refraktiven Linsenaustausches mit torischer (MS 6116) IOL.

Literatur

1. Amm M, Halberstadt M. [Implantation of toric intraocular lenses for correction of high post-keratoplasty astigmatism Ophthalmologe. 2002 Jun;99(6):464-9.

2. Chang DF. Early rotational stability of the longer Staar toric intraocular lens: fifty consecutive cases. J Cataract Refract Surg. 2003 May;29(5):935-40.

3. Gerten G, Michels A, Olmes A. Toric intraocular lenses. Clinical results and rotational stability] Ophthalmologe. 2001 Aug;98(8):715-20.

4. Gills J, Van der Karr M, Cherchio M. Combined toric intraocular lens implantation and relaxing incisions to reduce high preexisting astigmatism. J Cataract Refract Surg. 2002 Sep;28(9):1585-8

5. Ruhswurm I, Scholz U, Zehetmayer M, Hanselmayer G, Vass C, Skorpik C. Astigmatism correction with a foldable toric intraocular lens in cataract patients. J Cataract Refract Surg. 2000 Jul;26(7):1022-7.

6. Sun XY, Vicary D, Montgomery P, Griffiths M. Toric intraocular lenses for correcting astigmatism in 130 eyes. Ophthalmology. 2000 Sep;107(9):1776-81

7. Tehrani M, Dick HB. [Implantation of an ARTISAN-trade mark toric phakic intraocular lens to correct high astigmatism after penetrating keratoplasty] Klin Monatsbl Augenheilkd. 2002 Mar;219(3):159-63.

8. Tehrani M, Schwenn O, Dick HB. [Toric intraocular lens to correct high astigmatism after penetrating keratoplasty in a pseudophakic eye - a case report] Klin Monatsbl Augenheilkd. 2001 Dec;218(12):795-9.

9. Till JS, Yoder PR Jr, Wilcox TK, Spielman JL. Toric intraocular lens implantation: 100 consecutive cases.J Cataract Refract Surg. 2002 Feb;28(2):295-301.

3.5. Chirurgische Verfahren und Geräte in der refraktiven Laserchirurgie

Aus der augenärztlichen Praxis sind moderne Lasersysteme nicht mehr wegzudenken. Bei der Behandlung von Netzhauterkrankungen, wie der diabetischen Retinopathie, werden zum Beispiel Argonlaser eingesetzt oder bei der laserchirurgischen Therapie der Cataracta secundaria, des Nachstars, der YAG-Laser.

Die refraktive Laserchirurgie wurde 1983 mit der Entwicklung des Excimer-Lasers durch die Firma IBM begründet. War doch die Entwicklung des Excimer-Lasers initial zur Produktion von Mikrochips vorangetrieben worden, stellte schon bald die medizinische Anwendung insbesondere im Bereich der refraktiven Hornhautchirurgie das Hauptapplikationsgebiet der Excimer-Laser dar. Es wurde rasch klar, dass mit Hilfe des Excimer-Lasers ein sehr genauer Gewebeabtrag im Bereich der Hornhaut möglich war. Bedeutend ist es, dass der entscheidene Faktor bei der Anwendung des Excimer-Lasers darin besteht, dass beim Gewebeabtrag kein Hitzeschaden des umliegenden Gewebes eintritt.

Erste Behandlungen am Menschen führte bereits 1986 Professor Seiler in Berlin durch.

In den USA wurde die erste Hornhaut-Excimer-Laserbehandlung durch den New Yorker Augenarzt Dr. Trokel 1987 durchgeführt.

In den ersten Jahren wurde nach Entfernung des Hornhautepithels die Hornhautoberfläche mit dem Excimer-Laser behandelt; dieses Verfahren wurde als photorefraktive Keratektomie (PRK) bezeichnet. 1992 wurde dann die LASIK-Methode eingeführt, bei der mit Hilfe des Mikrokeratoms, nach Anlegen eines oberflächlich gelegenen Hornhautschnitts und Zurückklappen der Hornhautlamelle, eine Excimer-Laserbehandlung des Hornhautstromas durchgeführt wurde. Zunehmend wird heute die LASEK-Methode eingesetzt. Dabei wird die ganz oberflächliche Schicht, das Hornhautepithel vom Operateur zuerst so präpariert, dass es zur Seite geschoben werden kann, um nach erfolgter Laserbehandlung wieder als Wundschutz auf die Wundfläche gelegt zu werden. Es wird aber kein Hornhautdeckelchen bestehend aus Epithel und Stromaanteilen wie bei der LASIK erzeugt, sondern es besteht nur aus dem Hornhautepithel, das auf die Wundfläche zurückgeschoben wird. Vorteile der LASEK gegenüber der PRK sind die meist deutlich geringeren Schmerzen als bei der PRK, jedoch immer noch mehr als bei der LASIK.

Für den praktisch tätigen Augenarzt ist es wichtig zu wissen, dass alle modernen Augenlaser-Systeme sowohl die Durchführung einer PRK/LASEK, sowie auch der LASIK-Methode zulassen.

In den letzten Jahren wurde in der klinisch-praktischen Anwendung die aberrometergesteuerte LASIK, auch wellenfrontgesteuerte LASIK genannt, immer bedeutender. Dabei wird nicht nur die Korrektur der Kurz- oder Weitsichtigkeit und der Hornhautverkrümmung, sondern auch eine "maßgeschneiderte" Behandlung möglich: Ein Aberrometer-System misst die tatsächlichen Abbildungsfehler im gesamten optischen System und es ist anschließend möglich nach Analyse der so genannten Wellenfrontaufzeichnung, eine patientenspezifische Hornhautabtragung, d.h. eine personalisierte Sehkorrektur durchzuführen.

Heute kommen verschiedene Excimer-Lasersysteme verschiedener Firmen zum Einsatz.

In den USA sind hauptsächlich Excimer-Lasersysteme der Firmen (jeweils mit neuestem Lasersystem) Visx Inc. (Visx Star 4), Alcon (LADARVISION), Bausch & Lomb Surgical (Technolas 217 Z), Nidek (Nidek EC 5000) und WaveLight (Allegretto Wave) im Einsatz. Im europäischen und deutschen Raum sind insbesondere Lasersysteme der Firmen Bausch & Lomb (Technolas 217 Z 100), Schwind (Esiris), Wavelight (Allegretto Wave), Zeiss (MEL 80) und Nidek (Nidek EC 5000), aber auch zunehmend von Visx Inc. (Visx Star 4) und Alcon (LADARVision) im Einsatz.

Die Unterschiede der verschiedenen Lasersysteme liegen neben der Geschwindigkeit der Laserbehandlung (sog. Pulsfrequenz) auch in der verwendeten Spotgröße, der *eye tracker*-Systeme (ggf. mit Iriserkennung), im eingesetzten Aberrometriemessverfahren (Hartmann-Shack, Tscherning oder Ray-Tracing) (siehe Tab. 3.1).

Im Folgenden werden die in Europa und Deutschland am häufigsten verwendeten Augenlasersysteme genauer besprochen, insbesondere wird auf die Behandlungsmöglichkeiten mit der individualisierten aberrometergesteuerten (wellenfrontgesteuerten) LASIK eingegangen, die unserer Meinung nach heute standardmäßig durchgeführt werden sollte.

Seit mehreren Monaten ist von der Firma Bausch & Lomb das neue Bausch & Lomb Zyoptix 100 Augenlaserssystem (siehe Abb. 3.16) auf dem deutschen und europäischen Markt. Kennzeichen des aus dem Bausch & Lomb Z-System weiterentwickelten Lasersystems sind eine schnellere Geschwindigkeit: Steigerung gegenüber den bisherigen 50 Hz auf 100 Hz Laserfrequenz, Einsatz eines *eye trackers* mit dreidimensionaler Iriserkennung und damit auch der Möglichkeit, auch eine Zyklorotation des Auges beim Lasern zu erkennen und auszugleichen, Einsatz zweier verschiedener Laserspotgrößen (2 mm Spot für den "groben" und 1 mm Spot für den "feinen" Gewebeabtrag). Wie schon bei Vorgängersystem besteht das Zyoptix-System aus drei Komponenten: dem eigentlichen Laser-Technolas 217 Z 100 (Abb. 3.16) sowie zwei Diagnosegeräten, der Zyoptix-Arbeitsstation (Abb. 3.17), dem Hornhauttopographiegerät Orbscan IIz und dem neu entwickelten Zywave, einem Aberrometer. Der Aberrometer misst die tatsächlichen Abbildungsfehler im gesamten optischen System. Grundlage des Aberrometers ist das Hartmann-Shack-Prinzip: Wenn eine Lichtquelle auf den Brennpunkt eines idealen optischen Systems gerichtet wird, zeigt die reflektierte Wellenfront des Lichtstrahls beim Austritt aus dem Auge keine Deformation (= Aberration). Mit Hilfe dieses grundlegenden, physikalischen Prinzips lassen sich die tatsächlichen Abweichungen eines optischen Systems bestimmen. Denn beim Lichtaustritt aus einem abweichenden System entsteht eine unebene Wellenfront. Die Messung des Unterschieds zwischen der tatsächlichen Strahlenrichtung der austretenden Wellen und ihrer optimalen Position bestimmt die Gesamtaberration des Auges. Bei der Zywave-Wellenfronttechnologie wird ein paralleler Lichtstrahl ins Auge geleitet. Der Strahl wird von der Netzhaut des Auges reflektiert und offenbart so etwaige Anomalien im gesamten optischen System. Der Orbscan IIz ist ein Hornhauttopographiegerät mit integrierter optischer Dickenmessung, mit dem Augenchirurgen Probleme der vorderen und hinteren Hornhautoberfläche diagnostizieren können (zum Beispiel Erkennung eines Keratokonus *form fruste*). Aus den mit dem Aberrometer (Zywave) und Orbscan gewonnen Daten kann in einem speziellen Softwareprogramm (so genannter Behandlungs-

Firmennahme/ neuestes Lasersystem	Spotgröße	Pulsfrequenz	*Eye tracker*/ Iriserkennung	Aberrometriemesssystem	Aberrometermessung mit/ Datenverarbeitung mit	Behandlung in Mydriasis oder Myosis
Bausch & Lomb • B&L Z 100	1 mm/2 mm	100 Hz	Ja, mit 3D-Iriserkennung (240 Hz)	Hartmann-Shack	Zywave-Aberrometer/ Treatment-Planer	Miosis
Wavelight • Allegretto Wave • Allegretto Wave Eye Q	0,95 mm 0,95 mm	200 Hz 400 Hz	Ja (250 Hz)	Tscherning	Allegro Analyzer/Allegro A-Cat Software (auch rein topographisch gestützte corneale Behandlung möglich (mit Allegro Topolyzer))	Miosis
Schwind • Esiris	0,8 mm	200 Hz	Ja (300 Hz)	Hartmann-Shack	ORK-Wavefront (auch rein topographisch gestütze corneale Behandlung möglich (mit Optikon Keratron))	Miosis
Carl Zeiss-Meditec • Mel 80	0,7	250 Hz	Ja (250 Hz)	Hartmann-Shack	WASCA Analyzer, CRS-Master (auch rein topographisch gestütze corneale Behandlung möglich (mit TOSCA-Analyszer))	Miosis
Nidek • EC 5000 CX-Series	0,1*2,0+ 9,0 mm (Slit-Scanning)	60 Hz	Ja (200 Hz)		NAVEX-System OPD-Scan Refractive Power/ Corneal Analyzer ARK-10000	Miosis
Visx • Visx Star S	0,65-6,5 mm (Variable Spotgrößen) (VSS-System)	2-10 Hz (variable Puls-Repetitions rate)	Ja, auch 3D-Iriserkennung	Hartmann-Shack	WaveScan-Wellenfrontsystem	Miosis
Alcon • Ladarvision	0,8 mm	55-65 Hz	Ja (4.000 HZ)	Hartmann-Shack	CustomCornea-Wellenfrontsystem	Mydriasis

Tab. 3.1: Häufigste Lasersysteme im Vergleich.

planer) ein individuelles Laser-Operationsprogramm berechnet und auf einer Diskette gespeichert werden (Abb. 3.18). Diese Daten werden dann bei der eigentlichen Laser-Op. in das Lasersystem hochgeladen. Neu im Zywave-System ist auch ein integriertes Pupillometer, mit dem eine dynamische Pupillographie und damit auch die so wichtige skotopische Pupillenmessung durchgeführt und dokumentiert werden kann. So sind nicht unbedingt weitere Geräte zur Pupillengrößenbestimmung wie das Colvard- oder das Procyon-Pupillometer notwendig.

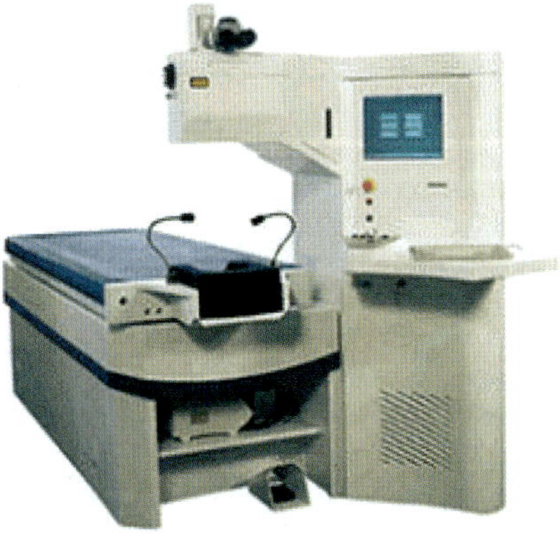

Abb. 3.16: Bausch & Lomb Laser Z 100.

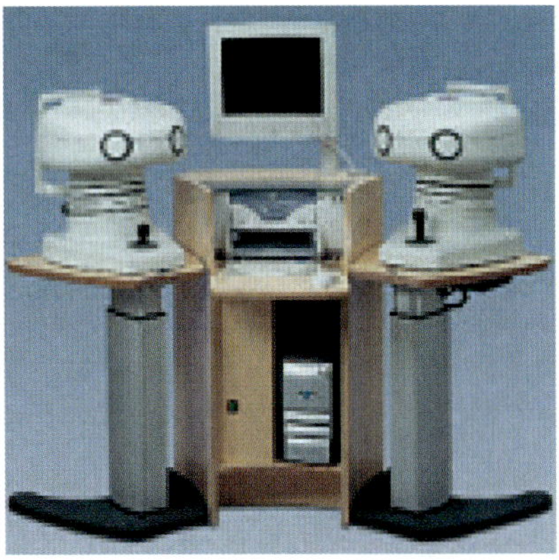

Abb. 3.17: Zyoptix-Arbeitsstation (Orbscan IIz und Zywave).

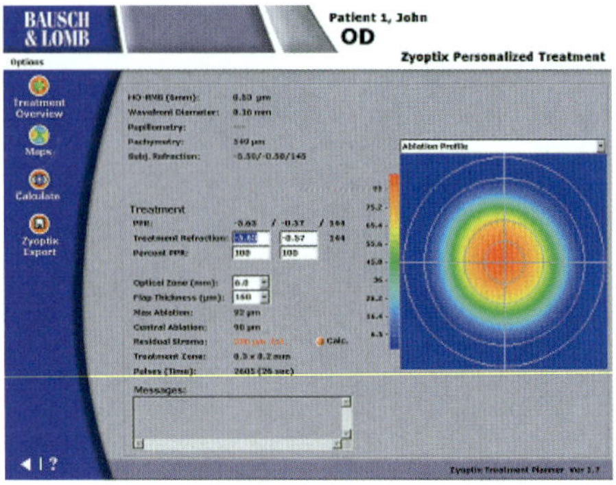

Abb. 3.18: Zyoptix-Behandlungsplaner.

Das Excimer-Lasersystem der Firma WaveLight besteht aus dem Allegretto Wave Laser (Abb. 3.19), der mit einer Pulsfrequenz von 200 Hz und in seiner Weiterentwicklung dem Allegretto Wave Eye_Q mit einer Frequenz von 400 Hz einen sehr schnellen Laserabtrag ermöglicht. Daneben ist ein sehr geringer Strahldurchmesser von nur 0,95 mm zu berichten. Dies ist insbesondere für feinste Ablationen auf der Hornhaut notwendig. Als Diagnosesysteme stehen der Allegro Analyzer und der Allegro Topolyzer zur Verfügung.

Während die Aberrometermessung bei den meisten angebotenen Systemen (siehe auch Tab. 3.1) nach dem Hartmann-Shack-Prinzip arbeitet, d.h. es werden die aus dem Auge herauskommenden Lichtstrahlen erfasst und verarbeitet, benutzt der Allegro Analyzer das Tscherning-Prinzip zur Wellenfrontanalyse: Ein Bündel paralleler Lichtstrahlen wird ins Auge projiziert und das Netzhautbild wird mit einer lichtempfindlichen Kamera aufgenommen. Ein leistungsstarker Computer errechnet dann das Bild der Wellenfront. Ausgestattet mit der neu entwickelten Allegro A-Cat Software können die Daten auf einer Diskette gespeichert und anschließend in den Laser eingespeist werden.

Mit dem Allegro Topolyzer ist es möglich, zum Beispiel eine Korrektur nach einem dezentrierten refraktiven Eingriff oder zur Erweiterung von kleinen optischen Zonen durchzuführen oder auch eine Therapie von irregulären Astigmatismen.

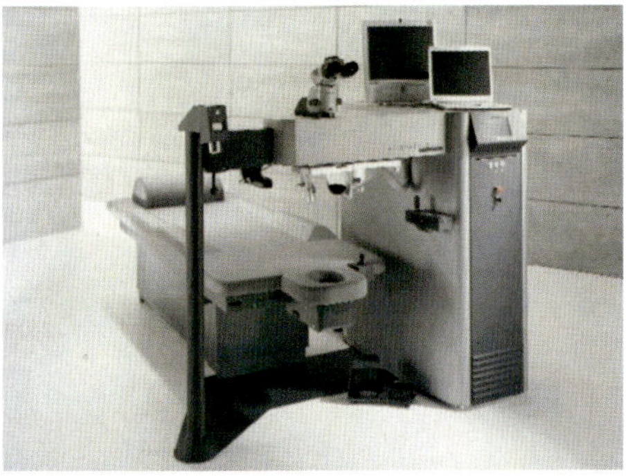

Abb. 3.19: Allegretto Wave Lasersystem.

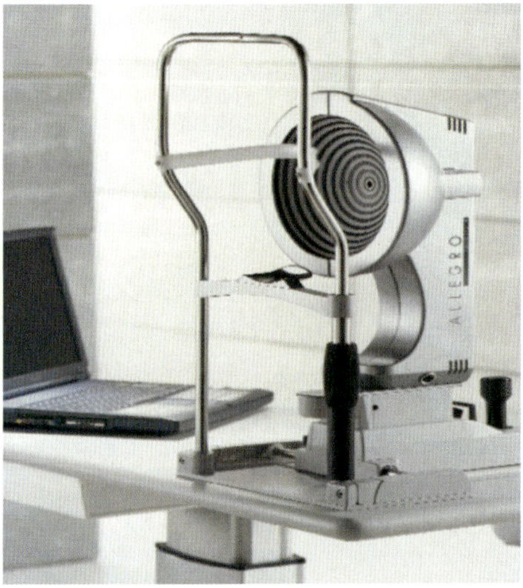

Abb. 3.20: Allegro Topolyzer.

Beim Esiris-Lasersystem (Abb. 3.21) der Firma Schwind kommt ein 200 Hz Augenlaser mit 0,8 mm Laserspot zum Einsatz. Beim Esiris-System ist es einerseits möglich eine Aberrometerbehandlung/Schwind ORK Wavefront Aberrometer) des gesamten optischen Systems durchzuführen (Optikon Keratron) oder auch nur die Aberrationen der Hornhaut festzustellen und zu behandeln (ORK CORWAVE).

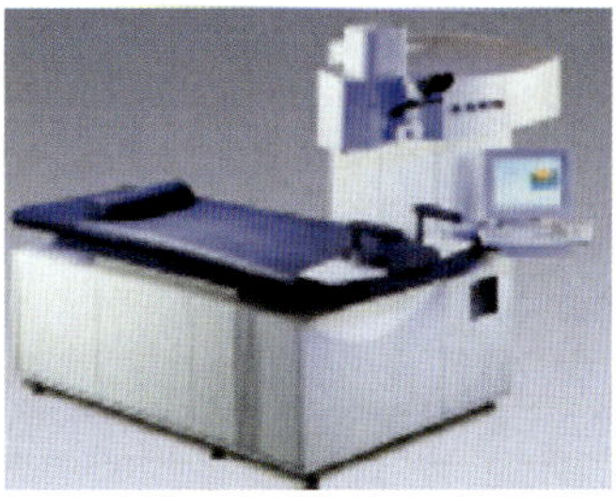

Abb. 3.21: Esiris-Laser der Firma Schwind.

Als Nachfolger des bekannten Mel 70 hat die Firma Carl Zeiss-Meditec mittlerweile als Weiterentwicklung den MEL 80 präsentiert (Abb. 3.22). Der MEL 80 verfügt über einen sehr kleinen Spot von 0,7 mm mit Gaußschem Strahlprofil. Damit sind feinste Korrekturen selbst Aberrationen höherer Ordnung möglich, ohne auf den Vorteil bewährter glatter Ablation zu verzichten. Der MEL 80 hat verschiedene eingebaute Optimierungstools, so dass z.B. die Sehqualität bei Dämmerung verbessert oder der Abtrag minimiert wird. Ein interessanter Punkt des MEL 80 ist seine Mobilität, so dass sich ggf. mehrere Augenärzte einen Laser teilen können.

Die Einricht- und Abbauzeiten sind sehr kurz: Sie sind schnell bereit für ihre Behandlung. Der MEL 80 ist auf Rädern montiert. Eine Person kann ihn leicht bewegen. Trotzdem steht er sehr sicher, wenn er fixiert ist. Ideal für mehrfach genutzte OPs. Für die wellenfrontgesteuerte Behandlung steht zur Aberrometermessung mit dem WASCA Analyzer ein weiterer auf dem Hartmann-Shack-Prinzip aufbauender Sensor zur Verfügung. Für die Integration der gewonnenen Daten in den MEL 80 ist der so genannte CRS-Master notwendig. Mit dem WASCA-Analyzer können rein corneale Probleme dargestellt und auch behandelt werden.

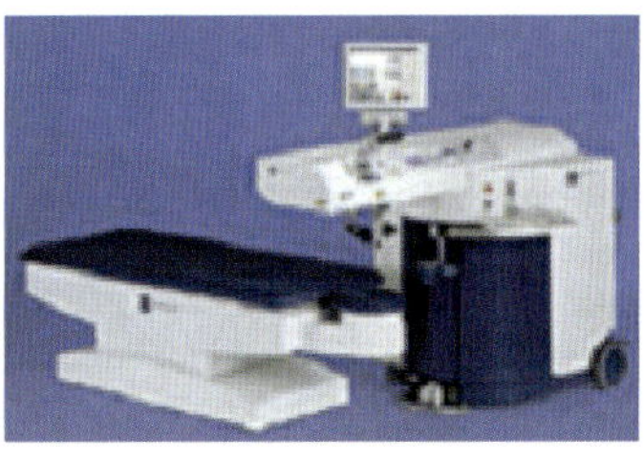

Abb. 3.22: Mobiler Mel-80 Laser der Firma Carl Zeiss-Meditec.

In den USA gehört die Firma Visx mit ihren Lasern traditionell zu Marktführern unter den refraktiven Chirurgen. Der Visx Star S4 ist die neueste Entwicklung und zeichnet sich durch den Einsatz eines 3D-*eye tracker* aus, so dass während des Laservorgangs Augenbewegung in alle Richtungen erkannt werden und der Laser darauf reagieren wird. Beim Visx-System werden als Besonderheit variable Laserspotgrößen eingesetzt (zwischen 0,65 und 6,5 mm, so genanntes *variables spot*-System, VSS-System). Das Aberrometersystem funktioniert nach dem Hartmann-Shack-Prinzip und die Messung erfolgt mit dem WaveScan-Wellenfrontsystem/CustomVue Technologie. Für die Laserbehandlung ist wie bei den bisher besprochenen Lasersystemen keine Mydriasis erforderlich.

Dagegen ist beim LADARVISION-System der Firma Alcon für die Behandlung eine medikamentöse Mydriasis erforderlich. Das LADARVISION 4000 System nimmt für sich in Anspruch den schnellsten, auf dem Markt befindlichen *eye tracker* zu haben (4000-mal in der Sekunde). Mit dem Custom-Cornea-System kann eine aberrometergesteuerte LASIK-Behandlung durchgeführt werden. Sowohl die Firma Visx als auch Alcon sind mit ihren Lasersystemen in den USA Marktführer, werden bisher aber in Deutschland nur selten eingesetzt.

International wie auch in den USA sehr häufig anzutreffen ist der Nidek EC 5000 von der Firma Nidek. Auch hier ist mittlerweile eine aberrometergesteuerte LASIK-Behandlung möglich. Das komplette System ist unter der Bezeichnung NAVEX auf dem Markt. Betonung sollte finden, dass die Wellenfrontmessung beim Nidek-System mit dem OPD-Refraktometer nach dem so genannten Ray-Tracing-Verfahren arbeiten, dabei wird eine dynamische automatische Skiaskopie durchgeführt und daraus die entsprechenden Aberrationen berechnet.

Bei allen Lasersystemen ist mittlerweile der Einsatz der aberrometergesteuerten LASIK möglich und sollte insbesondere bei Patienten mit Nachweis von signifikanten Aberrationen höherer Ordnung heute auch eingesetzt werden. Insbesondere bei höheren Korrekturen sollte darauf geachtet werden, dass ohne Einsatz der wellenfrontgesteuerten LASIK das Dämmerungs-und Kontrastsehen reduziert werden kann.

Gängige Verfahren der Excimer-Laser refraktiven Chirurgie und Anwendungsbereiche

4. Gängige Verfahren der Excimer-Laser refraktiven Chirurgie und Anwendungsbereiche

4.1. LASIK - Laser in situ Keratomileusis

4.1.1. Geschichte

Die Geschichte der LASIK reicht zurück bis 1950, als Jose I. Barraquer als Erster das Hinzufügen bzw. die Entfernung von Hornhautgewebe als Methode zur Veränderung der Hornhautbrechkraft beschrieb. Er nannte dieses Verfahren Keratomileusis (3). Zu Beginn resezierte Barraquer den Hornhautlentikel freihändig. Später entwickelte er das erste Mikrokeratom mit einem Saugring, das vom Grundprinzip her noch heute angewendet wird. Barraquer entfernte einen ca. 350 µm dicken Hornhautlentikel, der tiefgefroren wie eine Kontaktlinse in die gewünschte Form geschliffen und nach dem Auftauen wieder auf die Hornhaut aufgenäht wurde (4). Die Keratomileusis konnte sich aufgrund des hohen Operationsaufwandes und der steilen Lernkurve sowie der zahlreichen Komplikationen nicht durchsetzen. Später entwickelte dann Luis Ruiz, ein Schüler Barraquers, die "Automatische Lamelläre Keratoplastik" (ALK): Er entfernte eine oberflächliche Hornhautlamelle, lies jedoch einen schmalen Rand stehen, resezierte dann eine zweite, kleinere Lamelle, um das zentrale Stroma zu verdünnen, und klappte die oberflächliche Lamelle wieder auf das Stroma. Durchmesser und Dicke der zweiten, entfernten Lamelle wurden variiert, um die gewünschte Korrektur zu erhalten. Die ALK fand in den USA relativ weite Verbreitung vor der Zulassung der Excimer-Laser durch die Gesundheitsbehörde (FDA). Vorteile waren die relativ einfache Durchführbarkeit, die schnelle visuelle Rehabilitation und die geringe Regression. Nachteile umfassten die mangelnde Präzision und eine hohe Rate induzierter irregulärer Astigmatismen (25). Die Idee, eine lamelläre Keratotomie mit einer Excimer-Laserablation zu kombinieren, geht auf Ioannis Pallikaris zurück. Er beschrieb 1989 erstmals dieses Verfahren und gab ihm den Namen "Laser in situ Keratomileusis" (LASIK), der mittlerweile weltweit akzeptiert wurde (15). Die Publikation von Pallikaris erregte damals jedoch keine Aufmerksamkeit. Erst als Luis Ruiz und andere die ALK mit einer Excimer-Laserablation kombinierten, genannt "ALK-Excimer", wurde die LASIK populär und fand immer mehr Anhänger. Ich erinnere mich noch lebhaft an die erste Präsentation von Luis Ruiz anlässlich der Jahrestagung der European Society of Cataract and Refractive Surgeons (ESCRS) in Innsbruck im September 1993. Ich rief am nächsten Tag an und flog nach Bogota, um die LASIK zu erlernen. Damals führten wir die LASIK vor allem bei hoher und extremer Myopie durch, da wir dachten, aufgrund der fehlenden Narbenbildung könne die LASIK auch bei extremer Myopie zum Einsatz kommen (12). Heute wissen wir, dass bei hohen Korrekturen das Sehvermögen vor allem in der Dämmerung erheblich reduziert wird und die LASIK in diesem Bereich ungeeignet ist. In den frühen Tagen war der "Automated Corneal Shaper" (Abb. 4.1), von Luis Ruiz entwickelt, das Standard-Mikrokeratom. Heute steht eine Vielzahl moderner Mikorkeratome zur Verfügung, die wesentlich sicherer und genauer sind als der ACS.

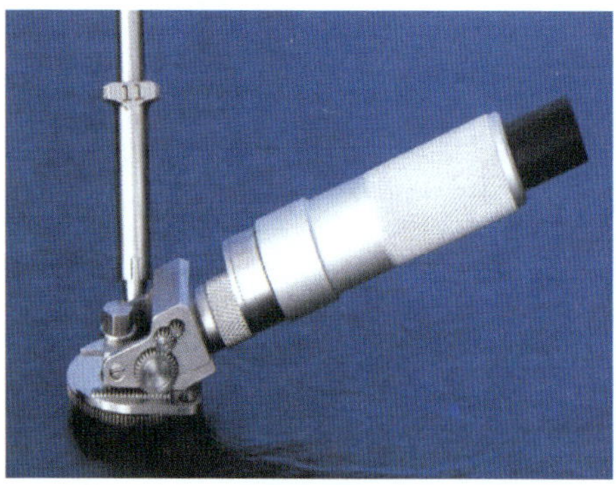

Abb. 4.1: Der "Automated Corneal Shaper (ACS)". Dieses Mikrokeratom hat den Erfolg der LASIK begleitet und wird auch heute noch vereinzelt eingesetzt.

4.1.2. Patientenauswahl

Die LASIK ist ein sicheres und genaues Verfahren, aber sie ist nicht für jeden geeignet. Auf der Grundlage der derzeit verfügbaren klinischen Ergebnisse und der im Folgenden beschriebenen Überlegungen zur Qualität des Sehvermögens kann festgehalten werden, dass Genauigkeit und Qualität des

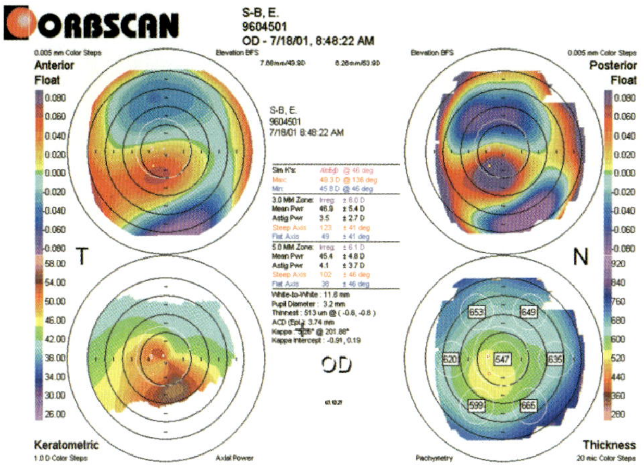

Abb. 4.2: Hornhauttopographie (Orbscan IIz) eines Auges mit Keratokonus.

Sehvermögens bei geringen Korrekturen am höchsten sind. Hervorragende Ergebnisse werden nach Korrektur der geringen und mittleren Myopie (bis ca. -5 dpt) erreicht, gefolgt von der geringen Hyperopie (bis ca. +3 dpt). Die Ergebnisse sind schlechter bei hoher Myopie (ca. -5 bis -8 dpt) und unbefriedigend bis inakzeptabel bei extremer Myopie (über ca. -8 dpt) und hoher Hyperopie (ab ca. +4 dtp) (entspricht KRC-Empfehlungen). Diese Grenzen sind sicherlich nicht starr, sondern unterliegen einer gewissen Schwankung. Neben der Höhe der Korrektur kommt es auch auf andere Parameter, insbesondere die Hornhautdicke, den Pupillendurchmesser und die Anforderungen des Patienten, an. Eine kürzlich veröffentlichte Studie konnte allerdings keinen Zusammenhang zwischen dem Pupillendurchmesser und dem Auftreten störender optischer Nebenwirkungen feststellen. Vielmehr korrelierten die Symptome wie Blendung und Halos lediglich mit der Höhe der Korrektur (18). Sehr wichtig ist es, präoperativ chronische Hornhauterkrankungen, insbesondere Keratokonus oder *form fruste* des Keratokonus, auszuschließen. Abb. 4.2 zeigt einen typischen Keratokonus, Abb. 4.3 das Frühstadium einer pelluciden marginalen Degeneration. Da die LASIK die Hornhaut schwächt, wird jegliche vorbestehende Hornhautschwäche verschlimmert, was letztlich zur Hornhautvorwölbung, Keratektasie, führt (21). Neben Hornhauterkrankungen stellen extre-

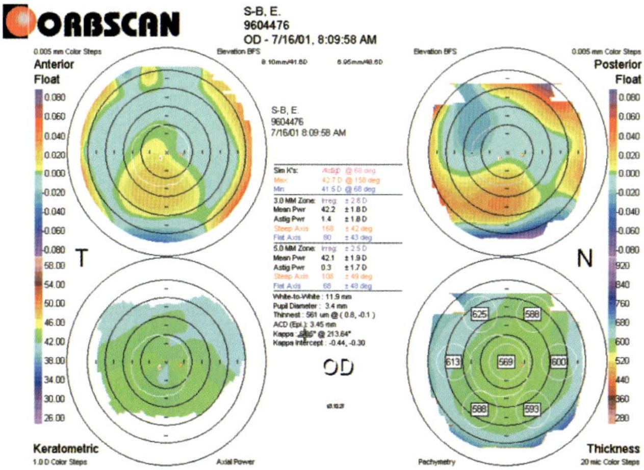

Abb. 4.3: Hornhauttopographie (Orbscan IIz) eines Auges mit beginnender pellucider marginaler Degeneration.

me Trockenheit, eine Katarakt oder ein fortgeschrittenes Glaukom Kontraindikationen der LASIK dar. Diabetes ist akzeptabel, es darf aber keine diabetische Retinopathie vorliegen. Eine Makuladegeneration sollte ebenfalls ausgeschlossen werden.

4.1.3. Technik der LASIK

Die LASIK hat sich mittlerweile zu einem hochgradig standardisierten Verfahren mit hervorragenden und reproduzierbaren Ergebnissen entwickelt. Die LASIK wird in der Regel in Tropfanästhesie beidseits in einer Sitzung durchgeführt. Präoperativ empfiehlt sich eine leichte Sedierung. Verwendet wird ein mechanisches Mikrokeratom mit automatischem Vorschub (s.a. Abb. 4.1). Die Lentikeldicke liegt zwischen 120 und 160 μm, der Durchmesser bei 8-9,5 mm. Nach dem Schneiden der oberflächlichen Hornhautlamelle wird diese aufgeklappt und das Hornhautstroma mit dem Excimer-Laser in die gewünschte Form "geschliffen" (Abb. 4.4). Moderne Lasersysteme verwenden hierbei kleine Strahldurchmesser (0,8-2 mm), so dass auch feinste Korrekturen möglich sind. Um Unregelmäßigkeiten der Behandlung durch spontane Augenbewegungen zu vermeiden, werden Zielfolgesysteme, sog. "*eye tracker*", eingesetzt. Komplikationen bei der Laserablation, wie z.B. Dezentrierungen, sind hierdurch heute sehr selten geworden. Abb. 4.5 zeigt das stromale Bett der Hornhaut nach der Laserablation. Der Reflex des roten Fixierlasers, der dem Patienten die Fixation während der Operation erleichtert, ist in der Pupillenmitte erkennbar. Nach der Ablation wird die vordere Hornhautlamelle wieder zurückgeklappt und unterspült, um Gewebepartikel zu entfernen. Anschließend wird der Rand der Lamelle mit einem Tupfer getrocknet. Bereits nach wenigen Minuten haftet der "Flap" fest, eine Naht ist nicht erforderlich. Wir setzen unseren Patienten nach der Operation lediglich eine Sonnenbrille auf, um das Auge vor Fremdkörpern zu schützen. Während der ersten Nacht werden zudem durchsichtige Augenklappen angelegt, um ein unbeabsichtigtes Reiben am Auge zu vermeiden.

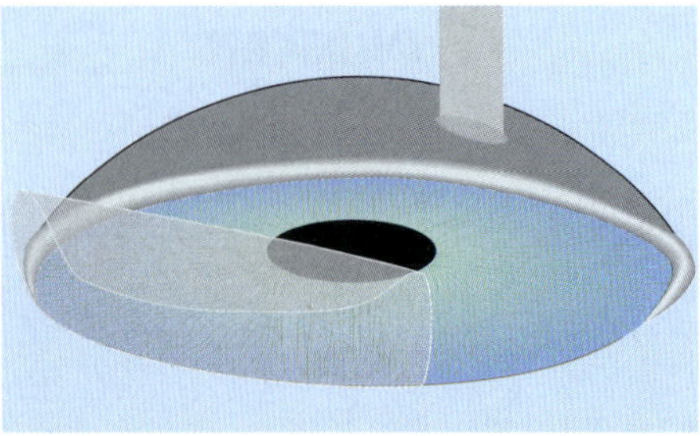

Abb. 4.4: Schematische Darstellung der Hornhaut nach Keratotomie während der Laserablation.

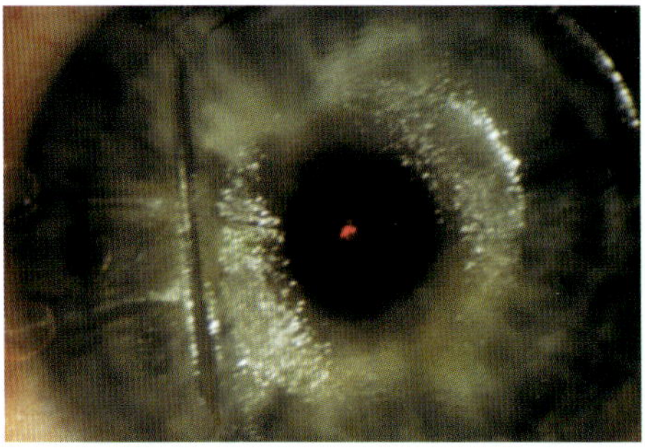

Abb. 4.5: Stromales Bett der Hornhaut nach Laserablation. In der Pupillenmitte ist der Reflex des roten Fixierlasers erkennbar.

4.1.4. Heilverlauf und Standardbehandlung nach LASIK

Um zum einen eine leichte entzündliche Reaktion (diffuse lamelläre Keratitis, DLK, siehe Kap. 4.7.5.) und zum anderen Beschwerden durch ein trockenes Auge (siehe Kap. 4.7.1.) zu vermeiden, besteht die Standardbehandlung bereits direkt postoperativ in der Gabe von konservierungsmittelfreien Tränenersatzstoffen mehrfach täglich nach subjektivem Bedarf sowie einer Antibiotika-Steroid-Kombination (Dexamytrex®) 3-mal täglich für 5 bis 7 Tage.

Am Operationstag selbst geben wir die Tränenersatzmittel stündlich, da dann geringere Beschwerden durch Reiben und Fremdkörpergefühl bestehen.

Der Patient ist zumeist nach ein bis vier Stunden beschwerdefrei und kann bereits am nächsten Tag wieder normal arbeiten. Kontrolluntersuchungen sollten nach einem Tag, einer Woche und nach ca. 6-8 Wochen durchgeführt werden.

Die postoperative Spätphase ist gekennzeichnet durch eine allmähliche Regression des Operationseffektes bis ca. 6 bis 8 Wochen postoperativ. Danach bleibt der Befund zumeist stabil. Die Regression ist bedingt durch eine Verdickung des Epithels, das versucht, die neue Oberfläche zu "glätten" und damit den Operationseffekt rückgängig zu machen. Um dieser Regression Rechnung zu tragen, wird eine Überkorrektur von ca. 10 % angestrebt. Dies führt gerade bei Patienten über 40 in den ersten Tagen und Wochen zu Beschwerden beim Lesen. Es ist sehr wichtig, auf diesen Zusammenhang hinzuweisen und unbedingt eine provisorische Lesebrille zu verordnen, falls dies nicht bereits durch den Operateur geschehen ist. Zudem wird über die passagere Natur der Beschwerden aufgeklärt. Eine Abschlusskontrolle empfiehlt sich 6 bis 8 Wochen nach der LASIK, da dann weitgehend stabile Befunde vorliegen. Anlässlich dieser Untersuchung wird das Endergebnis festgestellt und besprochen. Wir fällen zu diesem Zeitpunkt gemeinsam mit unserem Patienten die Entscheidung, ob eine Nachoperation durchgeführt werden sollte oder nicht.

4.1.5. Ergebnisse der LASIK

Beispielhaft sollen zwei Publikationen dargestellt werden, deren Autoren mit modernen Excimer-Lasern arbeiteten. Mit dem Bausch & Lomb Technolas 217z wurden 236 Augen mit einer Myopie von -0,5 bis -7 dpt behandelt (2). Sechs Monate postoperativ erreichten 81,9 % eine unkorrigierte Sehschärfe von 1,0 oder besser und 94,6 % von 0,5 oder besser. 73 % lagen innerhalb ±0,5 dpt und 91,2 % innerhalb ±1,0 dpt von der Zielrefraktion.

Die zweite Studie von McDonald und Mitarbeitern berichtet über 177 Augen, die mit dem Alcon LADARVISION Laser behandelt wurden (13). Die Ausgangsrefraktion betrug bis zu -11 dpt. Nach 6 Monaten sahen 60,5 % ohne Korrektur 1,0 oder besser und 93,9 % 0,5 oder besser. 75,2 % lagen innerhalb ±0,5 dpt von der Zielrefraktion und 94,9 % innerhalb ±1 dpt. Eine Verschlechterung der Sehschärfe um zwei Visusstufen trat in 0,6 % auf.

Um die LASIK auch im größeren Rahmen beurteilen zu können, sind im Folgenden die Ergebnisse aller 8.725 Augen dargestellt, die 2001 in Mannheim, Fürth und München operiert wurden. 7.795 Augen waren myop (-4,83±2,39 dpt, -0,5 bis -11 dpt) und 931 hyperop (+1,12±1,6 dpt, 0,5 bis 3,75 dpt).

Nach Myopiekorrektur betrug die Refraktion -0,04±0,49 dpt (-4 bis +2 dpt). 84 % lagen innerhalb ±0,5 dpt und 95 % innerhalb ±1 dpt von der Zielrefraktion. Die Sehschärfe ohne Korrektur war in 48 % 1,0 oder besser und in 95 % 0,5 oder besser.

Die Ergebnisse nach Hyperopiekorrektur zeigten eine etwas geringere Genauigkeit. 69 % lagen innerhalb ±0,5 dpt und 91 % ±1 dpt. Die Sehschärfe ohne Korrektur war in 20 % 1,0 oder besser und in 87 % 0,5 oder besser.

Insgesamt waren 91,2 % sehr zufrieden, 8,6 % zufrieden und 0,2 % unzufrieden mit dem erzielten Ergebnis.

4.1.6. Nachoperation

Die dargestellten Ergebnisse sind zwar sehr gut, zeigen aber auch, dass nicht in allen Fällen Emmetropie erreicht wurde. Da das Ziel jedes refraktivchirurgischen Eingriffes letztlich die Unabhängigkeit von einer Brillenkorrektur ist, ist in diesen Fällen eine Nachoperation erforderlich. Die Häufigkeit der Nachoperation variiert in Abhängigkeit von der Höhe der Korrektur, dem Patientenalter und anderen Faktoren. Nach einer Untersuchung an 2.485 Augen wurde eine Nachoperationsrate von 10,5 % angegeben (9). Wichtig ist, dass eine Nachbehandlung nicht als Komplikation angesehen werden darf, sondern als Teil der normalen Schwankungsbreite biologischer Systeme. Die Ungenauigkeiten werden durch zahlreiche Faktoren verursacht, deren wichtigsten die epitheliale Hyperplasie bzw. Rekonfiguration darstellt. Das Epithel versucht sozusagen, die alte Form der Hornhaut wiederherzustellen. Da Nachbehandlungen häufig und "normal" sind, müssen unsere Patienten unbedingt entsprechend aufgeklärt werden. Zudem muss der Operateur bei der Erstoperation die eventuelle Nachbehandlung berücksichtigen, darf also nicht schon beim Ersteingriff die maximal mögliche Gewebsmenge abtragen.

Bei der Nachoperation wird bis auf seltene Ausnahmen (vorherige Schnittfehler, zu kleiner Flap) immer der bestehende Hornhautlentikel mit einem feinen Spatel am Rand aufgetrennt und wieder aufgeklappt, da ein erneuter Schnitt mit zahlreichen Komplikationsmöglichkeiten verbunden ist (23).

Die Indikation zur Nachoperation wird immer gemeinsam mit dem Patienten gestellt. Besteht zwar noch eine Ametropie, aber der Patient ist zufrieden, so sollte keinesfalls zu einer Nachoperation geraten werden. Dies gilt insbesondere bei einer einseitigen Restmyopie bis ca. -1,5 dpt unter der Voraussetzung, dass der betroffene Patient subjektiv mit seinem beidäugigen Sehvermögen zufrieden ist. Andererseits sollte immer nachoperiert werden, wenn der Patient unzufrieden ist und ein behandelbarer Restfehler vorliegt (z.B. -0,5 dpt). Wir behandeln immer nach, wenn der Restfehler 0,5 dpt oder mehr beträgt und der Patient unzufrieden ist. Wir fragen auch immer, ob der Restfehler beim beidäugigen Sehen bemerkt wird bzw. stört. Ist dies der Fall, besteht eine klare Indikation zur Nachbehandlung. Ist dies nicht der Fall, empfehlen wir, abzuwarten.

Der ideale Zeitpunkt der Nachbehandlung liegt zwischen 3 und 6 Monaten postoperativ. Sie sollte nicht früher als 2 Monate postoperativ durchgeführt werden, kann aber jederzeit auch Jahre später erfolgen. Es besteht also kein Grund zur Eile.

4.1.7. Komplikationen der LASIK

4.1.7.1. "Trockenes Auge"

Das häufigste Problem nach LASIK stellt das "trockene Auge" dar. Ursache ist die lamelläre Keratotomie, die zu einer inkompletten Denervierung der Hornhaut und damit zu einer neuroparalytischen Keratopathie führt. Die Frühform zeigt sich bereits am ersten Tag als mehr oder weniger ausgeprägte Keratitis superficialis punctata. Wird diese beobachtet, sollten stündlich Tränenersatzstoffe (konservierungsmittelfrei, z.B. Corneregel® EDO®) gegeben werden sowie Gel (z.B. Corneregel®) oder Salben (z.B. Bepanthen) zur Nacht.

In seltenen Fällen kommt es zu einer hartnäckigen Trockenheit mit ausgeprägter Keratitis superficialis und dadurch rauer Hornhautoberfläche mit entsprechender Herabsetzung des Sehvermögens. Typisch ist die Diskrepanz zwischen den subjektiven Beschwerden wie Fremdkörpergefühl und Tränen und dem objektiven Befund, hervorgerufen durch die Denervierung der Hornhaut. Subjektiv bemerkt und als sehr beunruhigend empfunden wird allerdings die zum Teil erhebliche Sehverschlechterung. Typischerweise verschlechtert sich trotz Therapie der Befund in ausgeprägten Fällen bis zur dritten oder vierten postoperativen Woche und beginnt erst dann, sich langsam zu erholen. In dieser Phase ist die engmaschige Betreuung des Betroffenen extrem wichtig (**Kontrollen wöchentlich!**), um durch ständigen Zuspruch Ängste zu nehmen. Im weiteren Verlauf kommt es in nahezu allen Fällen zu einer stetigen Besserung mit Normalisierung nach einigen Wochen. Derartig schwere Verläufe sind glücklicherweise selten. Die Behandlung umfasst das ganze Spektrum der Tränenersatzstoffe und Salben. Zusätzlich können die Tränenwege vorübergehend verschlossen werden (*punctum plugs*). In schweren Fällen kann es sinnvoll sein, Ciclosporin-Augentropfen anzuwenden. Ein entsprechendes Präparat ist in den USA zugelassen (Restasis), bei uns müssen die Tropfen von der Apotheke hergestellt werden.

Hinsichtlich der Prävention konnte in mehreren Studien gezeigt werden, dass horizontale Mikrokeratome eine geringere Schädigung der Nerven hervorzurufen scheinen. Größere Studien stehen jedoch noch aus. Aufgrund der Häufigkeit ist zudem eine Aufklärung präoperativ sehr wichtig.

4.1.7.2. Epitheldefekte

Epitheldefekte finden sich in Abhängigkeit vom Keratom und der verwendeten Technik in 0,1 bis 10 % der Fälle. Die wichtigste therapeutische Maßnahme ist die sorgfältige Reposition jeglicher Epithelreste am Ende des Eingriffs unter Verwendung eines Merocel-Tupfers. Danach sollte ein bis zwei Minuten abgewartet werden, dann wird der Lidsperrer entfernt. Sollte das Epithel nicht haften bzw. im Fall von nicht reponierbaren Epitheldefekten, empfiehlt sich eine therapeutische Kontaktlinse für ein bis zwei Tage.

Wichtiger als die Behandlung ist die Prävention. Diese ist zweigleisig. Zum einen sollten Desinfektionsmittel vermieden werden, die das Epithel angreifen können, wie z.B. Polyvinylpolyvidon (PvP). Günstiger ist es, präoperativ Antibiotika haltige Augentropfen zu verwenden. Zudem sollte die Anästhesie erst unmittelbar präoperativ durchgeführt werden. Wir applizieren den ersten Tropfen Conjuncain, sobald der Patient in den Laser-OP geführt wird. Den zweiten und letzten Tropfen erhält der Patient maximal 1 Minute später, sobald er auf der Laserliege liegt und unter den Laser geschwenkt wird. Anschließend wird das Auge steril abgedeckt und der Bindehautsack mit 10 ml Kochsalzlösung ausgespült.

4.1.7.3. Schnittkomplikationen

Bezüglich dieser Komplikationen zeigt sich ein klarer historischer Trend mit stetiger Verbesserung der Mikrokeratome. In einer Studie aus dem Jahr 1995 fanden sich mit dem "Automated Corneal Shaper" Schnittfehler in 2,5 % der Fälle (27), eine weitere gab 1,9 % an (7). Eine Arbeit aus dem Jahr 1998 berichtete über Schnittfehler in 0,68 % (28). Eine Studie aus dem Jahr 2000 fand bei 84.711 operierten Augen Schnittfehler in 0,3 % (11). Diese umfassten unvollständige Schnitte, dünne Lentikel, Knopflochdefekte und komplett abgetrennte Lentikel. In den Fällen, in denen keine Laserbehandlung möglich war, konnte nach einigen Monaten komplikationslos ein neuer Schnitt durchgeführt werden. Schnittfehler sind heute somit bei Verwendung moderner Mikrokeratome äußerst selten und führen zudem nicht zu dauerhaften Schäden. Keinesfalls verwendet werden sollten allerdings sog. "Wegwerfkeratome", also Einmalprodukte. Die Qualität dieser Keratome ist wesentlich geringer, Komplikationen wurden in 14,37 % beschrieben (14).

4.1.7.4. Falten des Lentikels

Die kritischste Phase für das Auftreten einer Lentikeldislokation sind die ersten Stunden und die erste Nacht nach der LASIK. Die Angaben zur Häufigkeit in der Literatur schwanken zwischen 1,2 % (27), 1,42 % (22) und 1,8 % (7). Nach meiner Erfahrung sind diese Zahlen viel zu hoch. Wir sahen in Mannheim eine Makrodislokation (grobe Falten, Lentikel sichtbar zur Seite verschoben) in 0,01 %. Kleine Falten finden sich etwas häufiger (ca. 0,05 %). Abb. 4.6 zeigt ein Auge mit deutlichen Falten am ersten postoperativen Tag.

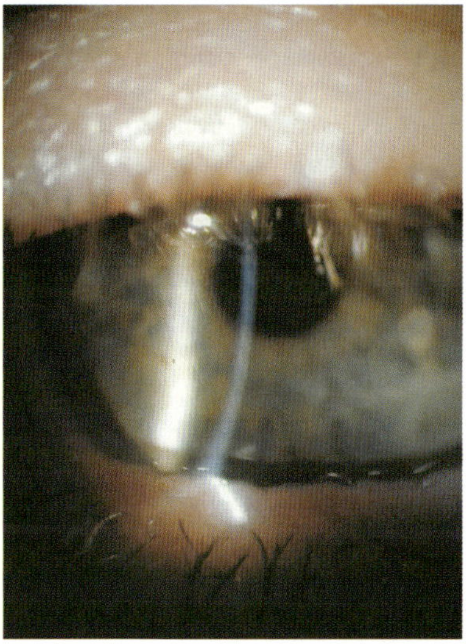

Abb. 4.6: Makrofalten des Lentikels einen Tag nach LASIK.

Ist die Frage einer Revision bei einer deutlichen Lentikelverschiebung klar, so wird bei kleinen Falten (zu) oft gezögert. Der Befund sieht harmlos aus, die Sehbeeinträchtigung ist gering (typischerweise werden Werte um 0,5 bis 0,6 oder die Wahrnehmung leichter Schatten angegeben), so dass man sich zum Abwarten entschließt. **Dieser Entschluss ist falsch!**

Grundsätzlich gilt, dass jede noch so kleine Falte unbedingt entfernt werden sollte!

Am ersten Tag ist die Glättung eines Lentikels kein Problem, der Eingriff ist kurz und harmlos, und der Erfolg nahezu garantiert. Kleine Falten können sogar an der Spaltlampe mit einem Keiltupfer "glattgezogen" werden. Ganz anders sieht es mit einer späteren Glättung nach Wochen und Monaten aus. Hier muss dann das Epithel entfernt werden, der Heilverlauf ist somit wesentlich länger, und es kommt häufiger zu einer Epitheleinwachsung.

Sollten Sie am ersten Tag (oder in den ersten Tagen) also nur die kleinste Falte entdecken, revidieren Sie diese.

Hierzu wird der Lentikel mit einer Spülkanüle angehoben und umgeklappt, dann wird die Rückseite mit zwei trockenen Merocel-Tupfern beginnend am Hinge vorsichtig gespannt, und der Lentikel zurückgeklappt. Mit zwei Keiltupfern wird dann der Lentikel vorsichtig glatt ausgespannt bis er zirkulär gleichmäßig adaptiert ist. In sehr seltenen Fällen kann bei Rezidiven eine Naht des Lentikels verwendet werden (10).

4.1.7.5. Diffuse lamelläre Keratitis (DLK)

Die DLK stellt eine unspezifische immunologische Reaktion dar, die relativ selten auftritt (< 1 %) und in der Regel blande verläuft. Dennoch ist eine frühzeitige Diagnose sehr wichtig, da bei rechtzeitiger Behandlung nahezu immer eine vollständige Abheilung erreicht werden kann. Ursache können u.a. Endotoxine (17) abgetöteter Bakterien sein. Es kommt zur Ansammlung von Granulozyten im Interface (5).

Die DLK tritt 12 bis 24 Stunden postoperativ auf und entwickelt ihr Maximum nach 36 bis 48 Stunden. Es ist daher zwingend erforderlich, Patienten nach LASIK am ersten postoperativen Tag zu kontrollieren und nicht schon 3 bis 4 Stunden postoperativ. Wird eine DLK diagnostiziert, sind tägliche Kontrollen bis zur Befundbesserung erforderlich.

Stadien der DLK

Die DLK wird in 4 Stadien eingeteilt:

- Im Stadium 1 finden sich vereinzelte, nicht konfluierende Bereiche mit sandartigen weißen Infiltraten im Interface (wie Puderzucker). Die Patienten bemerken in der Regel nichts, sehen gut und haben keine Schmerzen.
- Im Stadium 2 konfluieren die Infiltrate zu einer homogenen, sanddünenartig angeordneten Schicht. In der Regel wird eine leichte Sehverschlechterung bemerkt ("Nebel"), aber es bestehen keine Beschwerden und keine Schmerzen.
- Im Stadium 3 kommt es zur Verdickung der Zellschicht, es bilden sich schneeballartige Konglomerate, die zu einer Irregularität der Hornhaut führen und damit auch zu Veränderungen der Hornhauttopographie und zu einer leichten Verschlechterung der Sehschärfe.
- Im Stadium 4 kommt es zur Einschmelzung des Stromas (weißliche Infiltrate und Ödembildung).

Therapie der DLK

Da jedes Trauma zu einer unspezifischen immunologischen Reaktion führt, sollte nach LASIK grundsätzlich eine Kombinationsbehandlung mit Antibiotika und Steroiden erfolgen. Hierdurch werden minimale Reaktionen bereits wirksam abgeblockt. Zeigt sich nun bei der Untersuchung am ersten postoperativen Tag ein Stadium 1 oder 2 der DLK, sollte stündlich Prednisolonacetat 1 % (z.B. Inflanefran forte Augentropfen) oder Dexamethason 1 % (z.B. Dexagel®) appliziert werden. Kommt es unter dieser Therapie zur Zunahme der DLK in Stadium 3 oder findet sich ein Stadium 3 bereits am ersten postoperativen Tag, so ist eine chirurgische Intervention indiziert. Hierbei wird der Lentikel angehoben und das Interface kräftig ausgespült. Anschließend werden Steroide intraoperativ auf das stromale Bett getropft. Da das Hornhautgewebe durch proteolytische Enzyme bereits angegriffen ist, darf keinesfalls versucht werden, vermeintliche Infiltrate abzukratzen. Es würde eine Defektheilung mit Substanzverlust und erheblichem irregulären Astigmatismus entstehen. Postoperativ werden die Steroide so lange gegeben bis es zu einer Rückbildung der Infiltrate gekommen ist.

Zeigt sich ein Stadium 4 der DLK, sollte keinesfalls mehr operativ interveniert werden (16). Das Stroma ist im Stadium 4 bereits so stark geschädigt, dass durch die Intervention das Risiko stromaler Defekte erhöht wird. Es ist besser, den Verlauf unter Gabe von Steroiden abzuwarten. Glücklicherweise bessert sich der Befund über Monate und Jahre stetig.

Bezüglich der Prävention ist auf sorgfältige Reinigung der Instrumente zu achten. Alle Instrumente sollten zudem nach der Reinigung und vor der Lagerung autoklaviert werden, um während der Lagerung ein Wachstum von Keimen zu vermeiden.

Epitheldefekte und DLK

Gerade beim Bestehen epithelialer Defekte kommt es vermehrt zum Auftreten einer DLK (24). Bei der ersten postoperativen Kontrolle ist unbedingt hierauf zu achten. Sollte eine DLK auftreten, wäre es völlig falsch, auf den Einsatz von Steroiden zu verzichten! Die Behandlung muss vielmehr gemäß dem Schweregrad der DLK durchgeführt werden, es sind lediglich zusätzlich pflegende Maßnahmen (Tränenersatzmittel!) zu ergreifen.

Späte DLK

In seltenen Fällen kann eine DLK auch noch Monate nach der LASIK nach einem Hornhauttrauma auftreten (8, 20)

4.1.7.6. Epitheleinwachsung

In der Anfangszeit der LASIK wurde eine Epitheleinwachsung bei 35 von 3.786 Augen beobachtet (0,92 %; [29]). Die Einwachsung geht in nahezu allen Fällen vom Lentikelrand aus, es handelt sich also nicht um eine Implantation von Epithelzellen bei der Keratotomie, sondern um eine sekundäre Einwachsung. Gerade bei intraoperativen Epitheldefekten kommt es häufiger zu einer Epitheleinwachsung unter den Lentikel. Diese zeigt sich frühestens eine Woche postoperativ, in jedem Fall aber 6 Wochen postoperativ. Abb. 4.7 zeigt eine bis nach parazentral reichende Epitheleinwachsung. Bei dem weißlichen Material handelt es sich um lytische Epithelzellen, aktive Zellen finden sich peripher der weißlichen Masse. Findet sich eine Epitheleinwachsung, so ist deren Ausdehnung zu bewerten. Folgende Symptome sind typisch:

- Fremdkörpergefühl (durch den angehobenen Lentikelrand)
- Irregulärer Astigmatismus und Herabsetzung der Sehschärfe
- Wahrnehmung von Doppelkonturen bzw. Bildverzerrungen.

Des Weiteren findet sich oft eine Lyse des Hornhautstromas im Bereich der Epitheleinwachsung. Sollte eines dieser Kriterien vorliegen, so ist die baldige chirurgische Intervention angezeigt. Lediglich bei asymptomatischen Epitheleinwachsungen direkt am Rand des Lentikels (bis ca. 1 mm) kann abgewartet werden. Diese bilden sich oft zurück, allerdings unter Ausbildung einer umschriebenen Narbe. Zentrale oder symptomatische Epitheleinwachsungen müssen in jedem Fall operativ entfernt werden, da es sonst zur Einschmelzung der Hornhaut mit erheblichen irregulären Narben kommen kann.

Die beste Prävention ist einmal die Verwendung moderner Mikrokeratome. Ein perfekter Lentikelrand wird sich hervorragend adaptieren und somit eine Barriere für das einwachsende Epithel darstellen. Zum zweiten ist eine schnelle und schonende Operation wichtig. Je weniger der Lentikel austrocknet oder durch zuviel Flüssigkeit anschwillt, desto besser die Readaptation.

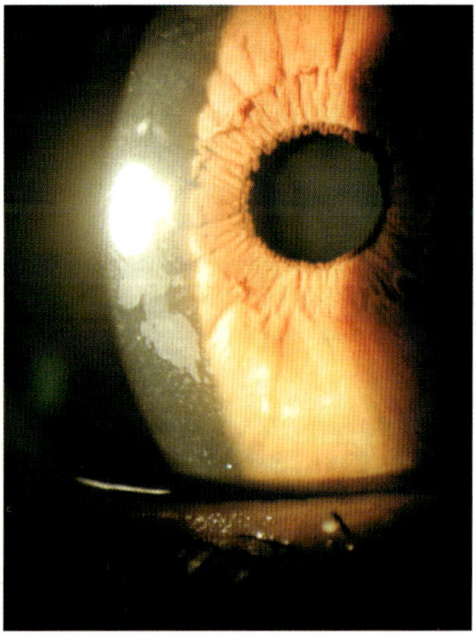

Abb. 4.7: Epitheleinwachsung nach LASIK.

4.1.7.7. Mikrobielle Keratitis

Eine Infektion im Bereich des Interface ist extrem selten. Eine ausführliche Übersicht findet sich bei Alio und Mitarbeitern (1). Symptome sind ein Hornhautinfiltrat, eventuell ein Hypopyon sowie in Abgrenzung zur DLK, bei der keine Schmerzen auftreten, Schmerzen und eine deutliche Rötung des Auges. Die Behandlung besteht in der sofortigen Spülung des Interface mit Abnahme eines Abstrichs zur Identifikation der Erreger sowie in der hochdosierten antibiotischen Therapie.

4.1.7.8. Flüssigkeitsansammlung im Interface beim Sekundärglaukom

Ein Anstieg des intraokularen Druckes kann zum Hornhautödem führen. Besteht nun ein Spaltraum im vorderen Stroma, eben das Interface nach LASIK, kann sich in diesem Spalt Flüssigkeit einlagern (6, 19). Ursache ist ein Sekundärglaukom, zumeist im Sinne eines steroidinduzierten Glaukoms. Da der Lentikel dann sozusagen auf einem

Flüssigkeitspolster schwimmt, wird der Druck applanatorisch meist viel zu niedrig gemessen. Es besteht die Gefahr, den Druckanstieg zu übersehen und eine DLK zu diagnostizieren, die mit noch höherer Steroidgabe behandelt wird, was letztlich zu einer Papillenatrophie führt (30).

Sollte eine Flüssigkeitsansammlung im Interface auftreten, ist es daher sehr wichtig, den Augendruck am Hornhautrand, peripher des Lentikels, zu messen. Die Behandlung besteht im sofortigen Absetzen der Steroide und medikamentöser Drucksenkung.

4.1.7.9. Keratektasie

Eine der schwersten, aber seltensten Komplikationen nach LASIK stellt die Keratektasie dar. Sie hat in der letzten Zeit zu einigen kritischen Presseberichten geführt. Das klinische Bild entspricht dem eines Keratokonus. Abb. 4.8 zeigt eine Keratektasie aus der Frühzeit der LASIK bei sehr tiefer Ablation (stromales Bett unter 100 µm). Zur Häufigkeit findet sich eine aktuelle Arbeit, die in der Zeitschrift "Ophthalmology" publiziert wurde (21). Diese Arbeit fasst die bisher publizierten Berichte zusammen und kommt auf 43 Fälle. Von den genannten 43 Fällen lassen sich 38 entweder auf eine vorbestehende Hornhautschwäche (*form fruste* eines Keratokonus) oder eine zu tiefe Ablation zurückführen und sind somit bei sachgerechter Voruntersuchung und optimaler Behandlung vermeidbar. Es verbleiben 5 Fälle, die als allgemeines Operationsrisiko angesehen werden müssen. Diese 5 Fälle müssen in Bezug zu der Zahl der durchgeführten LASIK-Operationen gesehen werden, so dass die Keratektasie als extrem seltene Komplikation anzusehen ist (ca. 1:1,6 Mio.).

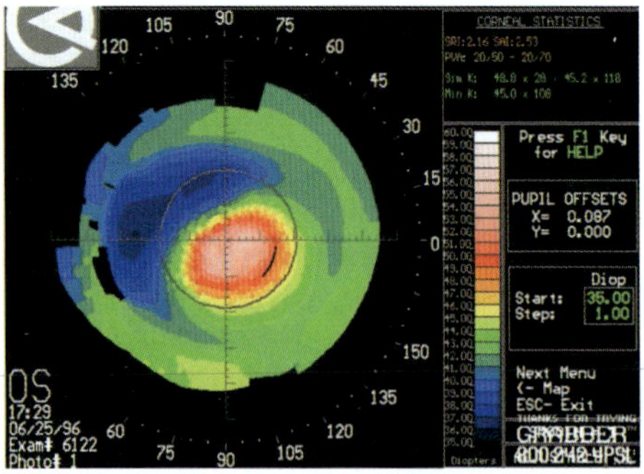

Abb. 4.8: Keratektasie nach extrem tiefer Ablation.

Die Behandlung besteht zunächst in der Anpassung formstabiler Kontaktlinsen, wie auch beim Keratokonus. Bei Kontaktlinsenunverträglichkeit kann operativ eine Hornhautvernetzung mit Riboflavin durchgeführt werden, die die Progression stoppt. Zudem können intracorneale Ringe (ICRS) implantiert und als *ultima ratio* eine Keratoplastik durchgeführt werden.

Am wichtigsten ist die Prävention. Hier kommt an erster Stelle die sorgfältige Patientenauswahl und Behandlung. Ausgeschlossen werden sollten:

- Myopien über -8 dpt
- Augen mit einer Hornhautdicke unter 500 µm
- Augen mit Anzeichen eines Keratokonus bzw. *form fruste* (= Asymmetrie der Halbmeridiane von 2 dpt oder mehr) (siehe Abb. 4.2 und 4.3)
- Ablationen von mehr als 120 µm und eine Restdicke des stromalen Bettes von weniger als 300 µm nach dem Ersteingriff

Diese Grenzwerte sind sicher sehr konservativ und sollen hier nur als Empfehlung dargestellt werden. Andererseits gibt es ja gute Alternativen zur LASIK, so dass kein Grund besteht, ein Risiko einzugehen. Außerhalb der genannten Grenzen bevorzuge ich die LASEK oder auch PRK, die wir ebenfalls beidseits simultan durchführen. Nachteil ist lediglich die längere Heilung (Tage statt Stunden). Schmerzen treten bei Anwendung einer Verbandkontaktlinse kaum noch auf. Als weitere Alternative stehen phake IOLs zur Verfügung, so dass in nahezu allen Fällen eine Korrektur möglich ist.

4.1.8. Qualität des Sehvermögens

Jeder refraktiv-chirurgische Eingriff ändert die optischen Eigenschaften des Auges. Der Großteil dieser Änderungen ist gewollt, es soll ja der bestehende Brechungsfehler korrigiert werden. Ein kleinerer Teil führt jedoch zu unerwünschten Nebeneffekten, die möglichst minimiert werden sollten. Als ich 1993 mit der LASIK begann, führten die wenigen, die die LASIK anwandten, Korrekturen bis über -20 dpt durch. Je mehr wir über die LASIK in den folgenden Jahren lernten, umso mehr wurden wir auf ein neues Kriterium aufmerksam: die Qualität des Sehvermögens unserer Patienten. Waren wir zu Anfang begeistert über einen Visus von 0,8 ohne Korrektur nach LASIK bei -20 dpt, so gaben mit den Jahren immer mehr Patienten an, zwar bei guter Beleuchtung sehr zufrieden zu sein, aber im Dämmerlicht erhebliche Probleme zu haben.

An dieser Stelle sollen die Zusammenhänge nach refraktiv-chirurgischer Korrektur der Hornhaut dargestellt werden. Die Änderung der optischen Eigenschaften der Hornhaut ergibt sich aus dem Durchmesser der korrigierten Zone und der Höhe der durchgeführten Korrektur. Je höher die Korrektur, desto größer der Unterschied zwischen behandelter und unbehandelter Hornhaut, und desto kleiner also auch die effektive, durch die Korrektur erzeugte optische Zone. Soll nun aus diesen Daten das Bild auf der Netzhaut berechnet werden, ist lediglich noch der Durchmesser der Pupille erforderlich. Vereinfacht ausgedrückt wurde aus der Hornhauttopographie für einen gegebenen Pupillendurchmesser das jeweilige Netzhautbild berechnet und dargestellt. Der Einfluss der Linse sowie retinale Kompensationsmechanismen (z.B. Stilles-Crawford-Effekt) wurden nicht berücksichtigt. Abb. 4.9 zeigt die simulierten Netzhautbilder für unterschiedliche Korrekturen und Pupillendurchmesser. Die dargestellten Bilder lassen sich direkt vergleichen mit dem, was der Patient sieht, z.B. beim Betrachten der Lichter eines entgegenkommenden Fahrzeuges. Zwei eng begrenzte Abbildungen zeigen eine hervorragende Bildqualität, während großflächige Halos eine schlechte Bildqualität verdeutlichen. Bei dieser Darstellung werden jedoch nicht die unbewussten Adaptationsmechanismen des visuellen Systems berücksichtigt. Glücklicherweise ist unser Gehirn in der Lage, störende Halos auszufiltern, so dass diese subjektiv nicht mehr wahrgenommen werden. Dieser Adaptationsmechanismus erklärt, warum die meisten der hochmyopen Patienten, die zur Anfangszeit der LASIK operiert wurden, einigermaßen zurechtkommen und nicht über Halos klagen. Auf der anderen Seite kommt es selbst dann, wenn die Halos subjektiv nicht oder nur kaum wahrgenommen werden, durch den massiven Streulichtanteil zu einem erheblichen Kontrastverlust. Abb. 4.9 zeigt ein normales Auge, ein Auge nach Korrektur von -3 dpt, und ein Auge nach Korrektur von -11 dpt. Die Abbildung zeigt klar, dass die Bildqualität mit zunehmendem Pupillendurchmesser abnimmt. Es zeigt sich aber auch, dass die Abnahme der Bildqualität noch viel stärker durch die Höhe der durchgeführten Korrektur bestimmt wird: Nach LASIK bei -11 dpt ist bereits mit 3 mm Pupille ein großes Halo sichtbar. Auf der anderen Seite zeigt sich nach LASIK bei -3 dpt praktisch kein Unterschied zum normalen Auge. Für geringe und mittlere Korrekturen bietet die LASIK somit eine hervorragende Qualität des Sehvermögens, die sich von der eines normalen Auges nicht unterscheidet.

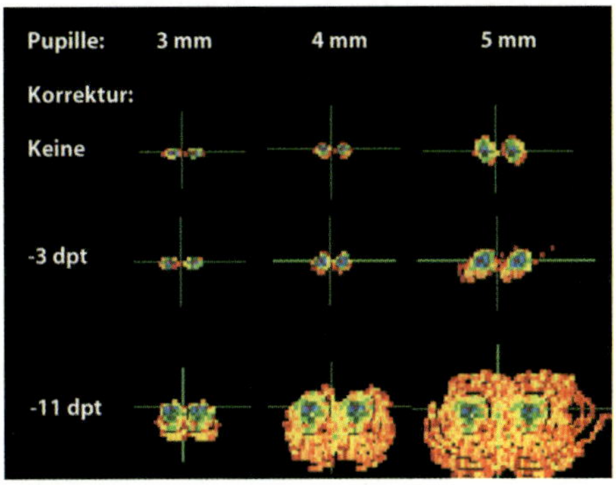

Abb. 4.9: Punktbilder in normalen Augen und nach LASIK bei verschiedenen Pupillendurchmessern.

Gemäß den dargestellten Zusammenhängen müssen wir also bei der Korrektur der Myopie oder Hyperopie nicht nur die Genauigkeit der LASIK berücksichtigen, sondern auch die Qualität des Sehvermögens. Entsprechend müssen wir unsere Patienten aufklären. Wir müssen darstellen, dass die Qualität des Sehvermögens jenseits von -8 bis -10 dpt sehr schlecht wird und daher von einer LASIK abzuraten ist. Wir müssen darstellen, dass auch bei mittleren bis hohen Korrekturen (ca. -5 dpt bis -8 dpt) eine gewisse Verschlechterung des Sehvermögens vor allem in der Dämmerung auftreten kann. Letztlich können wir aber auch darlegen, dass bei geringer bis mittlerer Myopie keinerlei Einschränkung auftritt.

4.1.9. Maßgeschneiderte LASIK: Wellenfrontgesteuerte Behandlungen

Die maßgeschneiderte LASIK berücksichtigt neben den mit Brille korrigierbaren Brechungsfehlern des Auges auch individuelle Abbildungsfehler, die jedes Auge mehr oder weniger aufweist. Die Technik ist mittlerweile von den meisten Herstellerfirmen der Excimer-Laser verfügbar und zeigt Ergebnisse, die denen der Standard-LASIK zumindest ebenbürtig sind. Zur Messung der Behandlungsdaten dient ein sog. Aberrometer. Mit diesem

Aberrometer kann die Wellenfrontabweichung des individuellen Auges vom Normalen gemessen werden. Aus der gemessenen Wellenfront wird dann die individuelle Behandlung berechnet und z.B. per Diskette in den Excimer-Laser eingegeben. Die Behandlung selbst entspricht einer normalen LASIK.

Messung der Wellenfront

Die meisten der heute verfügbaren Aberrometer sind sog. Hartmann-Shack-Aberrometer. Sie messen sämtliche Aberrationen des Auges, so unter anderem Sphäre und Zylinder, Coma, sphärische Aberration, Trefoil und andere. Basierend auf diesen Daten wird ein Refraktionsdefizit berechnet, das den Vergleich der Daten mit denen der subjektiven Brillenglasbestimmung und des Autorefraktors ermöglicht. In gewissem Sinne handelt es sich bei einem Aberrometer somit um einen modernen Autorefraktor. Das Aberrometer liefert präzise Werte über das optische System des Auges über den gesamten Bereich der Eintrittspupille. Da das Aberrometer eben nur den Bereich messen kann, der von der Pupille freigegeben wird, muss die Messung grundsätzlich bei erweiterter Pupille erfolgen. Ideal ist hierbei die Erweiterung lediglich durch Dunkeladaptation. Kann jedoch kein ausreichender Pupillendurchmesser erreicht werden (mindestens 5,5 bis 6 mm), sollte eine medikamentöse Erweiterung erfolgen. Nach der Messung berechnet eine spezielle Software die Behandlung. Der Operateur kann hierbei einzelne Parameter modifizieren.

Vorteile der maßgeschneiderten LASIK

Neben dem eher generellen Vorteil, dass eine individuell berechnete Behandlung erfolgt, müssen die klinischen Ergebnisse analysiert werden, um mögliche Vorteile zu identifizieren. Ursprünglich wurde vermutet, die Korrektur der optischen Abbildungsfehler des Auges würde die Sehschärfe über das vor der LASIK bestehende Maß hinaus verbessern. Die sog. “Adleraugen” haben in der Öffentlichkeit und in der Presse ein reges Interesse hervorgerufen. Leider ließ sich die Vermutung, durch die maßgeschneiderte LASIK könnten Adleraugen erzeugt werden, jedoch nicht bestätigen. Wir sollten uns daher vor der Behauptung hüten, wir könnten Adleraugen erzeugen. Wir würden nur unrealistische Erwartungen wecken. Wenn es nun keine Adleraugen gibt, ist denn dann die maßgeschneiderte LASIK überhaupt besser? Höchstwahrscheinlich ja. Das Sehvermögen wird nicht allein durch die Sehschärfe bestimmt. Diese erfasst nur einen Bruchteil des visuellen Systems. Um die Möglichkeiten des visuellen Systems zu erfassen, muss das Kontrastsehvermögen bei verschiedenen Pupillendurchmessern und Umgebungshelligkeiten untersucht werden. Erste Ergebnisse zeigen für alle verwendeten Systeme ein besseres Kontrastsehvermögen nach wellenfrontgesteuerter LASIK als nach Standard-LASIK, vor allem mit weiter Pupille, also bei Dämmerung und im Dunkeln. Der Grund dafür ist, dass die maßgeschneiderte LASIK vor allem die sphärische Aberration minimiert.

Zusammenfassend hat sich die LASIK heute als Standardverfahren der refraktiven Augenchirurgie etabliert. Die Operationstechnik ist weitestgehend standardisiert, die Komplikationsrate sehr gering. Der Indikationsbereich umfasst Korrekturen von +3 bis -8 dpt.

Literatur

1. Alio JL, Perez-Santonja JJ, Tervo T et al: Postoperative inflammation, microbial complications, and wound healing following laser in situ keratomileusis. J Refract Surg 2000;16:523-538

2. Balazsi G, Mullie M, Lasswell L, Lee PA, Duh YJ: Laser in situ keratomileusis with a scanning excimer laser for the correction of low to moderate myopia with and without astigmatism. J Cataract Refract Surg 2001;27:1942-1951

3. Barraquer, JI: Queratoplastica refractiva. Estudios Inform 1949;10:2-21

4. Barraquer, JI: Results of myopic keratomileusis. J Refract Surg 1987;3:98-101

5. Buhren J, Baumeister M, Kohnen T: Diffuse lamellar keratitis after laser in situ keratomileusis imaged by confocal microscopy. Ophthalmology 2001; 108:1075-1081

6. Fogla R, Rao SK, Padmanabhan P: Interface fluid after laser in situ keratomileusis. J Cataract Refract Surg 2001; 27:1526-1528

7. Gimbel HV, Andersen Penno EE, van Westenbrugge JA et al: Incidence and management of intraoperative and early postoperative complications in 1000 consecutive laser in situ keratomileusis cases. Ophthalmology 1998; 105:1839-1848

8. Harrison DA, Periman LM: Diffuse lamellar keratitis associated with recurrent corneal erosions after laser in situ keratomileusis. J Refract Surg 2001;17:463-465

9. Hersh PS, Fry KL, Bishop DS: Incidence and associations of retreatment after LASIK. Ophthalmology 2003; 110:748-754

10. Jackson DW, Hamill MB, Koch DD: Laser in situ keratomileusis flap suturing to treat recalcitrant flap striae. J Cataract Refract Surg. 2003 Feb;29(2):264-9

11. Jacobs JM, Taravella MJ: Incidence of intraoperative flap complications in laser in situ keratomileusis. J Cataract Refract Surg 2002; 28:23-28

12. Knorz MC, Wiesinger B, Liermann A, Seiberth V, Liesenhoff H: Laser in situ keratomileusis for moderate and high myopia and myopic astigmatism. Ophthalmology 1998a;105:932-940

13. McDonald MB, Carr JD, Frantz JM, Kozarsky AM, Maguen E, Nesburn AB, Rabinowitz YS, Salz JJ, Stulting RD, Thompson KP, Waring GO 3rd: Laser in situ keratomileusis for myopia up to -11 diopters with up to -5 diopters of astigmatism with the summit autonomous LADARVision excimer laser system. Ophthalmology 2001;108:309-16

14. Pallikaris IG, Katsanevaki VJ, Panagopoulou SI: Laser in situ keratomileusis intraoperative complications using one type of microkeratome. Ophthalmology 2002; 109:57-63

15. Pallikaris, I, Papatzanaki, M, Stathi, E.Z., Frenschock, O, Georgiadis, A.: Laser in situ keratomileusis. Lasers Surg Med 1990;10:463-468

16. Parolini B, Marcon G, Panozzo GA: Central necrotic lamellar inflammation after laser in situ keratomileusis. J Refract Surg 2001;17:110-112

17. Peters NT, Iskander NG, Anderson Penno EE et al: Diffuse lamellar keratitis: isolation of endotoxin and demonstration of the inflammatory potential in a rabbit laser in situ keratomileusis model. J Cataract Refract Surg 2001; 27:917-923

18. Pop M, Payette Y: Risk factors for night vision complaints after LASIK for myopia. Ophthalmology. 2004 Jan;111(1):3-10.

19. Portellinha W, Kuchenbuk M, Nakano K et al: Interface fluid and diffuse corneal edema after laser in situ keratomileusis. J Refract Surg 2001; 17(Suppl):S192-195

20. Probst LE, Foley L: Late-onset interface keratitis after uneventful laser in situ keratomileusis. J Cataract Refract Surg 2001;27:1124-1125

21. Randleman JB, Russell B, Ward MA, Thompson KP, Stulting RD: Risk factors and prognosis for corneal ectasia after LASIK. Ophthalmology 2003;110:267-75

22. Recep OF, Cagil N, Hasiripi H: Outcome of flap subluxation after laser in situ keratomileusis: results of 6 month follow-up. J Cataract Refract Surg 2000;26:1158-1162

23. Rubinfeld RS, Hardten DR, Donnenfeld ED, Stein RM, Koch DD, Speaker MG, Frucht-Pery J, Kameen AJ, Negvesky GJ: To lift or recut: changing trends in LASIK enhancement. J Cataract Refract Surg 2003 Dec;29(12): 2306-17

24. Shah MN, Misra M, Wihelmus KR, Koch DD: Diffuse lamellar keratitis associated with epithelial defects after laser in situ keratomileusis. J Cataract Refract Surg. 2000 Sep;26(9):1312-8

25. Slade SG, Updegraff SA: Complications of automated lamellar keratectomy. Arch. Ophthalmol 1995;113: 1092 - 1093

26. Solomon A, Karp CL, Miller D et al: Mycobacterium interface keratitis after laser in situ keratomileusis. Ophthalmology 2001;108:2201-2208

27. Stulting RD, Carr JD, Thompson KP et al: Complications of laser in situ keratomileusis for the correction of myopia. Ophthalmology 1999;106:13-20

28. Tham VM, Maloney RK: Microkeratome complications of laser in situ keratomileusis. Ophthalmology 2000;107:920-924

29. Wang MY, Maloney RK: Epithelial ingrowth after laser in situ keratomileusis. Am J Ophthalmol 2000;129: 746-751

30. Najman-Vainer J, Smith RJ, Maloney RK: Interface fluid after LASIK: misleading tonometry can lead to end-stage glaucoma (letter). J Cataract Refract Surg 2000; 26:471

4.2. Die jüngsten Entwicklungen in der Oberflächenablation

4.2.1. Photorefraktive Keratektomie (PRK)

Die photorefraktive Keratektomie ist das älteste hornhautablative Verfahren mittels Excimer-Laser. Trokel und Mitarbeiter entdeckten bereits im Jahre 1983 die Hornhaut als potenzielles Gewebe zur Photoablation (49). Nach entsprechenden tierexperimentellen und präklinischen Studien wurden von Arbeitsgruppen um McDonald (28) und Seiler (41) die ersten menschlichen Augen Ende der 80er Jahre des letzten Jahrhunderts refraktiv behandelt.

Die anfängliche Begeisterung wich einer ernüchternden Analyse, als es klar wurde, dass hohe Hornhautabträge mit den damals üblichen Ganzfeld-Lasern in hoher Prozentzahl zu Hornhauttrübungen bis hin zur Narbenbildung führen (Abb. 4.10) (42). Damit wurde die Obergrenze der myopen PRK bei -6 dpt angesetzt (42). Als Pallikaris

(34) et al. Anfang der 90er ihre neue Technik, die Laser in situ Keratomileusis (LASIK), vorstellten, war diese, insbesondere bei mittleren und hohen Myopien, der PRK so überlegen, dass die Anzahl der PRK-Behandlungen zugunsten der LASIK-Operation drastisch zurückging. Obwohl die LASIK nach wie vor eine dominierende Rolle bei keratorefraktiven Eingriffen spielt, zeigt sich seit der Jahrtausendwende ein neu erwachtes Interesse an der Oberflächenablation. Die Gründe hierfür sind sehr vielschichtig. Zunächst gilt festzustellen, dass der Augenchirurg mit einer Reihe von Komplikationen konfrontiert wurde, die bisher unbekannt waren. Knopflochschnitte (Abb. 4.11), "*free caps*", Mikro- und Makrostriae, tiefe lamelläre Keratitis und Hornhautektasien bei präoperativ einwandfreien Corneae wären als die bekanntesten Probleme des bei der LASIK erforderlichen Schnittes zu nennen (42, 43). Die Verwendung eines kostspieligen Femtosekundenlasers statt Mikrokeratom kann einige Komplikationen reduzieren, die restlichen Nebenwirkungen werden allerdings dadurch nicht tangiert (8, 19).

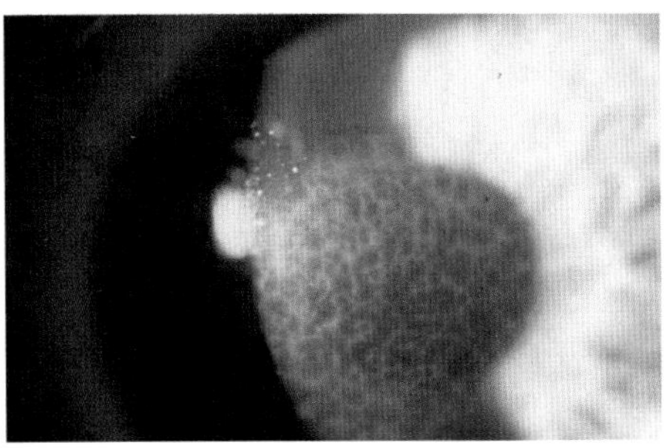

Abb. 4.10: Ein retikuläres Haze 3+ nach einer PRK von -6 dpt mit einem Ganzfeldlaser aus dem Jahre 1995.

Die Excimer-Laserwirkung ist am ehesten auf eine Kombination aus photochemischer und photothermischer Wirkung zurückzuführen. Die neueste Generation der "*flying spot*"-Laser hat durch die Verringerung der Laserstrahlgröße sowohl eine weitere Reduktion des thermischen Effektes als auch eine bessere Beschaffenheit der behandelten Oberfläche ermöglicht (31). Dieses führte sowohl zu besseren refraktiven Ergebnissen als auch zur Minderung der "Haze"-Problematik. Denn "Haze" stellt nichts anderes als eine subepitheliale Anreicherung von ungeordneten Kollagenfasern dar, die von den aktivierten Keratozyten aus dem anterioren Stroma produziert werden. Damit geht Haze mit einer entsprechenden Regression einher (26). Beide hängen aber vor allem von der Ablationstiefe ab. Während eine Standard-PRK bis -6 dpt mit einem modernen *flying spot*-Laser in nahezu 80 % der Fälle einen unkorrigierten Visus von 1,0 oder besser ermöglicht (29, 43), nimmt die Wirksamkeit der Methode mit ansteigender Refraktion deutlich ab. So wurde in der Studie von Nagy et al. eine myope PRK mit dem MEL 70 Excimer-Laser in einem Bereich von -1,5 bis -14 dpt durchgeführt (32). Die Mindestvoraussetzung, also einen sc-Visus von 0,5 oder besser, erreichten in dieser Studie 95,5 % der Augen bis -6 dpt und 74,2 % der Augen mit dem präoperativen sphärischen Äquivalent (SÄ) zwischen -6,1 und -9 dpt. Oberhalb von -9 dpt zeigte sich ein weiterer drastischer Rohvisusabfall mit nur 22 % der Augen mit 0,5 oder besser (32). Im hyperopen Bereich bis maximal +5 dpt (also deutlich höher als die von der Kommission für Refraktive Chirurgie angesetzte Obergrenze von +3,5 dpt) erreichten in der jüngsten Studie von Autrata und Rehurek 81 % der behandelten Augen einen unkorrigierten Visus ≥ 0,5 (3). Noch bessere Ergebnisse (85 %: sc-Visus = 1,0) bei einer durchschnittlicher Hyperopie von +4,2 dpt fanden andere Autoren (36).

Wenngleich die visuellen Ergebnisse der Standard-PRK oder LASEK (s.u.) im Bereich der mittleren Myopie und Hyperopie mit denen der LASIK-Operation gut mithalten können ist das postoperative Komfort stark reduziert. Daher ist eine effektive Schmerzbekämpfung, insbesondere am 1. postop. Tag, ein integraler Bestandteil der Nachsorge. Topische nichtsteroidale Antiphlogistika (NSAID) haben einen positiven Effekt auf die Schmerzreduktion bei allen Oberflächenablationsverfahren (7). Des Weiteren machte unsere Arbeitsgruppe sehr gute Erfahrungen mit den modernen oralen COX 2-Hemmern. Diese werden etwa 1 Stunde **vor** dem Eingriff verabreicht um die Schmerzrezeptoren bereits vor dem entsprechenden Reiz zu beeinflussen. Auch die Art der Verbandslinse (weiche Hydrogellinsen mit einem DK-Wert über 100) spielt möglicherweise eine Rolle (48). Eine perioperative Kühlung scheint ebenfalls einen günstigen Einfluss auszuüben (Lee und Dausch, Vortrag, ESCRS-Tagung, München 2003).

Es ist theoretisch vorstellbar, dass eine möglichst glatte Oberfläche eine schnellere Reepithelialisierung fördert. Demnach hat eine saubere und vollständige Epithelentfernung einen wichtigen Stellenwert. Im Prinzip gibt es 4 Methoden der Epithelentfernung:

- Abschaben mittels Hockey-Messer
- Rotierende Bürste nach Amoils
- Deepithelialisierung nach entsprechender Alkoholeinwirkung oder mittels transepithelialer Ablation

Griffith et al. zeigten in einer vergleichenden Studie, dass die rotierende Bürste das beste Ergebnis erreicht, gefolgt von 18 %er Ethanollösung (17). Serrao et al. führten in einer intraindividuellen Studie eine PTK-Glättung nach erfolgter PRK durch und konnten eine schnellere Reepithelialisierung und eine topographisch bessere Oberfläche nachweisen als am Partnerauge ohne Glättung (45).

Trotz der oben genannten Modifikationen waren die Resultate bei höheren Myopien nicht gänzlich zufriedenstellend. Einen großen Durchbruch bei der Oberflächenablation brachte die Einführung von Mitomycin C (MMC) in die hornhautrefraktive Chirurgie. Obwohl das Medikament seit geraumer Zeit zur Wundmodulation bei fistulierenden Eingriffen genutzt wird, blieb eine der ersten wichtigen Arbeiten zur prophylaktischen Anwendung von MMC nach PRK aus dem Jahre 1997 praktisch unberücksichtigt (40). Majmudar und Mitarbeiter haben das MMC zunächst als ein Adjuvans bei Haze-Entfernung nach PRK benutzt (27). Erst 2002 erschien die prospektive intraindividuell vergleichende klinische Arbeit von Carones et al. zur prophylaktischen Applikation von 0,02 % MMC bei hochmyopen PRKs. Die Ergebnisse waren verblüffend: Nach 6 Monaten lagen 87 % der Augen in der MMC-Gruppe und nur 47 % der Partneraugen bei ±0,5 dpt um die Zielrefraktion. Bei einer präoperativen Refraktion zwischen -6,0 und -10,0 dpt hatte kein MMC-Auge ein Haze im Gegensatz zu 63 % am Partnerauge (10). Es traten keine MMC-assoziierten Komplikationen auf. In den letzten 18 Monaten kam es zu einer Flut an klinischen Berichten über erfolgreiche Anwendung von MMC: zur Haze-Entfernung (50), nach tiefen Transplantatlaserungen (21, 46) und PRK nach komplizierten LASIK-Eingriffen (11, 52). Zur Wirkungsweise von MMC auf das Hornhautstroma liegen zum Teil widersprüchliche tierexperimentelle Arbeiten vor. Das MMC soll die Apoptose von Keratozyten verlängern (22). Da die Wundheilung aber durch die Apoptose von Keratozyten angetriggert werden kann, ist es noch nicht klar, wie das MMC die Überproliferation verhindert (18). Erfreulicherweise scheint die gewünschte zytotoxische Wirkung von MMC bei sachgerechter Applikationstechnik nur die Anzahl der anterioren Keratozyten zu minimieren ohne die limbalen Stammzellen signifikant zu beeinträchtigen. In den letzten 2 Jahren haben wir 29 Augen als Oberflächenlaserung (PRK/PTK/LASEK) mit adjuvantem MMC behandelt. Dabei lag die Ablationstiefe zwischen 90 und 160 μm. Wir haben bis dato in keinem Fall eine Verzögerung der Epithelialisierung oder eine Hornhauttrübung erlebt (nicht publizierte Daten). Uns ist bisher auch kein Bericht über Wundheilungsstörungen nach cornealer MMC-Applikation bekannt.

4.2.2. Laserassistierte subepitheliale Keratektomie (LASEK)

Das Beispiel MMC verdeutlicht die Wichtigkeit der Wundheilantwort und letztendlich ihrer Kontrolle bzw. Modulation bei der Durchführung von Oberflächenablationen. Eine nicht ganz unumstrittene These ist es, dass ein erhaltener Epithellappen, auch Epiflap genannt, zu einer "Downregulation" der Wundheilantwort führt und deshalb bessere klinische Ergebnisse erlaubt. Die Rede ist von der laserassistierten subepithelialen Keratektomie (LASEK), als Modifikation der Standard-PRK. Die erste photorefraktive Keratektomie (PRK) unter einem "alkoholassistierten Flap" führte nach eigener Darstellung Dimitri Azar aus Boston bereits im Jahre 1996 durch (6, 13). Doch erst 1999, nach einem Interview mit Massimo Camellin aus Rovigo/Italien in der "Ocular Surgery News" über seine Technik und erste Ergebnisse (9), fand die Laserassistierte subepitheliale Keratektomie (LASEK) ein weltweit zunehmendes Interesse unter refraktiven Augenchirurgen. Mehr noch, es wäre nicht zu vermessen zu behaupten, dass LASEK eine Renaissance der Oberflächenablation einläutete. Die Abb. 4.11a-e gibt einen schematischen Überblick über die Technik der LASEK nach Camellin.

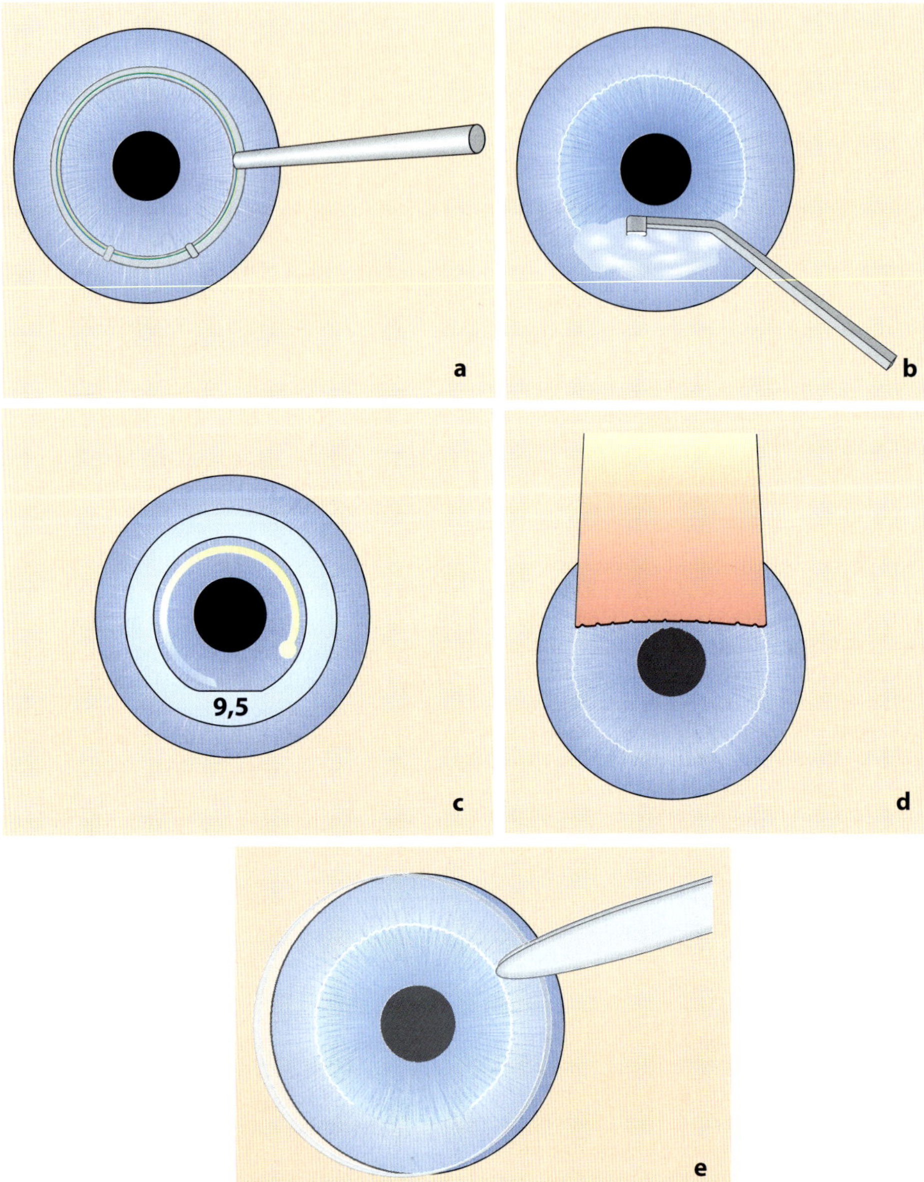

Abb. 4.11a-e: Grundsätzliche Schritte der LASEK-Operation in der Technik nach Camellin (9). a) Epitheltrepanation gefolgt von Alkoholbenetzung. b) Präparation eines Epithelflaps mit einem modifizierten Hockey-Messer. c) Während der zurückgeschlagene Epithelflap geschützt wird (hier durch einen Ring), erfolgt die Laserablation der Bowman-Schicht und des vorderen Hornhautstromas. d) Der Epithelflap wird mit einem runden Spatel und/oder einem feuchten Keiltupfer zurückgestreift. e) Eine für Sauerstoff hochdurchlässige Verbandslinse wird aufgelegt.

4.2.2.1. Alternative LASEK-Techniken

Vinciguerra und Camesasca stellten eine so genannte “Butterfly-LASEK” vor (51). Dabei wird das Epithel linear von 8 nach 11 Uhr parazentral aufgeschlitzt. Nach einer entsprechenden Ethanolexposition werden die beiden Epithellappen vorhangartig zur Seite geschoben, um nach einer erfolgten Ablation readaptiert zu werden. Diese Technik basiert auf der Überlegung, dass der Verzicht auf eine fast zirkuläre Trepanation eine bessere Epithelzellverbindung zu den limbalen Stammzellen aufrechterhält und dadurch eine schnellere Reepithelialisierung ermöglicht. In einer prospektiven intraindividuellen Studie dieser Arbeitsgruppe zogen 90 % der Patienten das “Butterfly-LASEK-Auge” dem Auge mit der konventionellen LASEK-Technik vor, das klinische Ergebnis mit 83 % der Augen innerhalb von ±0,5 dpt um die Zielrefraktion bei präoperativen SÄ von -4,8 dpt 1 Jahr nach der Operation war sehr gut (51). McDonald entwickelte eine Technik, bei der ein Gel statt Alkohol die Epithelseparation ermöglicht (EyeNet, April 2002): Diese Technik hat nur eine geringe Verbreiterung gefunden (M. Rau, Vortrag, ESCRS-Tagung, München 2003).

4.2.2.2. Klinische Ergebnisse

Refraktive Ergebnisse bei Myopie

In der “*peer-reviewed*” Literatur liegen inzwischen einige wenige große Studien zur LASEK vor. So berichteten Anderson et al. über eine bis zu 6-monatige Nachbeobachtung von 343 Augen mit dem präoperativen sphärischen Äquivalent (SÄ) zwischen -1,0 und -14,0 dpt, im Mittel von -5,42 dpt. Bereits nach einer Woche lag in 50 % ein unkorrigierter Visus von 0,8 vor, während 90 % der Patienten mindestens 0,5 sahen. Nach einem Monat betrugen die entsprechenden Zahlen 85 % und 97 % und bleiben ziemlich konstant. Nach 6 Monaten lagen 85 % der Augen innerhalb von ±0,5 dpt und 94 % innerhalb von ±1,0 dpt um das refraktive Ziel (2).

Shahinian, der wie auch Anderson et al. mit dem VISX S2 arbeitete, berichtete über 146 Augen mit einem mittleren SÄ von -5,32 dpt (-1,25 bis -14,38 dpt) und einem Follow-up von 1 Jahr. Nach 6 Monaten hatten 57 % der Augen einen unkorrigierten Visus von 1,0 oder besser, während ein Rohvisus ≥ 0,5 von 96 % erreicht wurde (39).

Claringbold behandelte 222 Augen mit einem mittleren SÄ von -4,89 dpt (-1,25 bis -11,25 dpt) mit dem gleichen Laser. Bereits nach 2 Wochen sahen 74,3 % der Augen 1,0 oder besser und 91,8 % 0,8 oder besser. Nach 1 Jahr waren 98,7 % aller Augen im Bereich ±0,5 dpt (12).

Rouweyha und Mitarbeiter führten bei 58 Augen eine LASEK mit einem modernen *flying spot*-Laser von Autonomous durch. Sie behandelten Myopien mit und ohne Astigmatismus mit einem mittleren SÄ von -7,8 dpt (-1,5 bis -14,75 dpt). Der Rohvisus betrug nach einem Monat in 50 % der Fälle 1,0 oder besser und in 89 % mindestens 0,5. Nach 6 Monaten stieg diese Zahl auf 73 % bzw. 97 % an (37). Die Tab. 4.1 zeigt eine vergleichende Übersicht der oben zitierten Studien.

4.2.2.3. LASEK im Vergleich zu anderen Verfahren

LASEK versus PRK bei Myopie

Im Jahre 2001 publizierten Lee et al. die erste intraindividuelle 3-Monatsstudie an 27 Patienten mit einem präoperativen SÄ von -4,69 dpt an dem LASEK-Auge und -4,82 dpt an dem PRK-Auge. Die Laserung erfolgte mit dem Schwind-Keratom II-Ganzfeld-Laser. Während die komplette Epithelialisierung am PRK-Auge nach 3,18±0,5 Tagen vorlag, benötigte das LASEK-Auge im Schnitt 3,64±0,63 Tage. Nach 1 Woche hatten 33 % der LASEK- und 22 % der PRK-Augen einen Rohvisus von mindestens 1,0. Nur 2 % der LASEK- und 6 % der PRK-Augen hatten einen Visus schlechter als 0,5. Nach 1 Monat war es lediglich ein PRK-Auge mit einem Visus unter 0,5. Bei der 3-Monatskontrolle bestand kein signifikanter Unterschied hinsichtlich der Zielrefraktion und unkorrigiertem Visus. Hingegen war der Haze-Score nach PRK mit 0,86 signifikant höher als nach LASEK mit 0,46. Siebzehn von 27 Patienten (63 %) zogen die LASEK aus folgenden Gründen vor: schnellerer Visusanstieg (3 Augen), Schmerzfreiheit (10 Augen) und besserer Visus (4 Augen) (24).

Zu einem anderen Ergebnis gelangten Litwak et al., die prospektiv und intraindividuell 25 Patienten 1 Monat lang nachbeobachteten. Das präoperative SÄ war mit -3,0 bzw. -3,1 nahezu identisch. Die Ablation wurde mit dem Nidek EC-5000 Scan-

Erstautor/ Laser	Augen	SÄ in dpt	% von ±0,5 dpt nach				Augen mit UCVA von ≥ 1,0 (%)				Augen mit UCVA von ≥ 0,5 (%)				Verlust ≥ 2 Zeilen (%)	Haze ≥ 1 (%)	Enhance-mentrate
			1M	3M	6M	12M	1M	3M	6M	12M	1M	3M	6M	12M			
Anderson et al. (2) VISX Star S2	343	-5,42	73	78	85		70	80	84		97	95	98		0,3	1,6	0
Shahinian (39) VISX Star S2	146	-5,32	77		81	84		50	57	57		95	96	96	0	0	5,5
Claringbold (12) VISX Star S2	222	-4,89			97	96	74,3	86,5	91	82	98,2	100	100	100	0	0	0
Rouweyha et al. (37) LADAR	58	-7,8		71	68		50	60	73		89	98	97		0	8	5,2
Gabler et al. (16) Keracor 117	88	-5,19				81				75				100	0	0	10,2

Tab. 4.1: Vergleichende Darstellung visuell-refraktiver Ergebnisse nach myoper LASEK.

ninglaser simultan durchgeführt. Eine durchschnittliche Alkoholexpositionszeit in dieser Studie von 40 s erscheint jedoch viel zu lang, so dass von einem devitalisierten Epiflap ausgegangen werden kann. Die Epithelialisierungszeit war in beiden Gruppen ähnlich (PRK = 3,3 Tage; LASEK = 3,6 Tage). Sowohl am 1. als auch am 3. postop. Tag fand die Mehrheit der Patienten (72 % bzw. 80 %) das LASEK-Auge unangenehmer als das PRK-Auge. Bei der 1-Monatskontrolle bestand kein Unterschied in puncto Visus und Refraktion. Kein Auge entwickelte einen nennenswerten Haze (25). In Bezug auf den postoperativen Komfort sahen Pirouzian et al. (35) in ihrer Studie mit 30-tägiger (!) Nachbeobachtung keinen Unterschied zwischen dem LASEK- und PRK-Auge. Hingegen zeigte die 2-Jahresstudie aus Brno einen geringeren postoperativen Schmerz und weniger Haze in der LASEK-Gruppe bei vergleichbaren refraktiven Ergebnissen (5) (Abb. 4.12a+b).

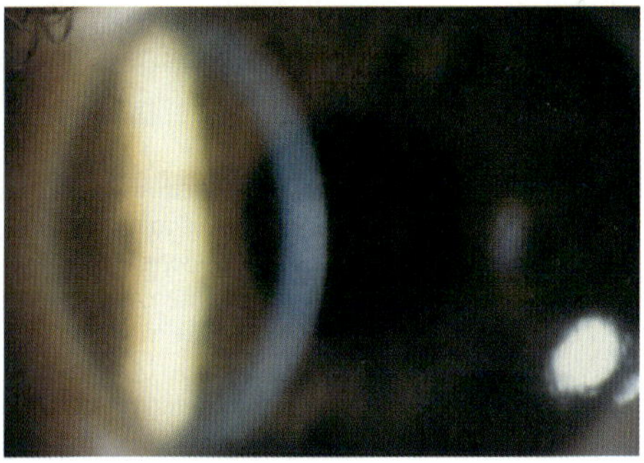

a

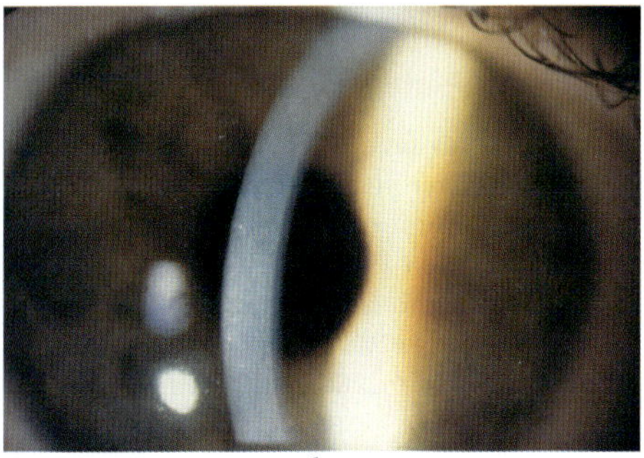

b

Abb. 4.12a+b: Vergleich zwischen PRK und LASEK. a) Das rechte Auge 1 Monat nach einer PRK bei -4 dpt zeigt einen zentralen Haze von 1+. b) Das Partnerauge 1 Monat nach einer LASEK bei -4 dpt mit nahezu unveränderter Hornhauttransparenz.

LASEK versus LASIK bei Myopie

Die bisherigen publizierten Vergleiche zwischen den beiden Methoden erfassen in der Regel gematchte Gruppen. So verglich Scerrati zwei Gruppen mit je 15 Patienten (= 30 Augen) in Bezug auf den bestkorrigierten Visus, Kontrastsehvermögen und topographische Hornhautregularität unter Verwendung des Nidek EC-5000 Excimer-Lasers. Dabei stellte er fest, dass die LASEK-Gruppe bei allen diesen Parametern besser abgeschnitten hat, als die LASIK-Kohorte (38).

Rouweyha und Koautoren verglichen retrospektiv ihre LASEK-Ergebnisse (s.o.) mit einer gematchten Gruppe von LASIK-Patienten, wobei die LASIK-Gruppe mit einem präoperativen SÄ von -6,43 dpt 1,35 dpt geringer myop als die LASEK-Gruppe war. Mit Ausnahme der 1. Woche nach der OP (wenn das Epithel noch etwas irregulär ist) zeigte sich kein signifikanter Unterschied hinsichtlich des refraktiven Ergebnisses und des unkorrigierten Visus (37).

Die ersten intraindividuellen 1-Jahres-Vergleichsergebnisse unserer Arbeitsgruppe im Rahmen einer laufenden Studie bei geringer und mäßiger Myopie haben bisher keinen signifikanten Unterschied bezüglich der erreichten Zielrefraktion gezeigt (44). Hingegen ist das postoperative Kontrastsehvermögen, gemessen mit Pelli-Robson-Tafeln, bei 70 % der LASEK-Augen besser als am Partnerauge nach LASIK. Bei den restlichen Augen besteht kein Unterschied. Die Aussage der Studie ist aufgrund einer noch zu geringen Anzahl der Augen (40 Augen von 20 Patienten) limitiert.

LASEK versus PRK bei Hyperopie

In einer 2-Jahresstudie verglichen Autrata und Rehurek an 216 Augen von 108 Patienten die Ergebnisse von Hyperopiekorrektur (+3,67 dpt, Standardabweichung 1,15 dpt). Dabei schnitt die LASEK-Gruppe mit 78 % innerhalb von ±0,5 dpt um die Zielrefraktion besser ab als die PRK-Augen mit 57 %. Auch bei allen anderen Parametern wie Kontrastsehvermögen, Stabilität, postoperativer Schmerz und Haze war die PRK unterlegen (3).

4.2.3. Grenzen der Oberflächenablation

Die zweifelsohne ermunternde Ergebnisse der Oberflächenablation führen zunehmend dazu, dass viele Operateure die Methode gerade dann ansetzen, wenn die LASIK aufgrund einer ungenügenden Hornhautdicke nicht durchführbar ist. Die früher geltende Obergrenze von -6 dpt erscheint immer weniger bindend zu sein. Doch die Dioptrienbegrenzung allein bezieht sich auf die alte Denkweise, als die 6 mm-Ablationszone die Norm darstellte. Heutige Lasergeräte können Zonen von 7 bis 8 mm abladieren und verfügen allesamt über Übergangsbereiche. Auch die brandneuen Geräte mit prolaten Ablationsprofilen erfordern hohe Abträge. Damit stellt die Abtragstiefe und nicht die Dioptrienzahl *per se* das begrenzende Maß. Es gibt einige Hinweise, dass Ablationen über 100 µm zu einer verstärkten Haze-Bildung führen können, insbesondere wenn andere Risikofaktoren wie Atopie, UV-Exposition u.ä. vorliegen (20, 30). Da man nicht immer vorhersagen kann, welches Auge hazegefährdet ist und welches nicht, stellt sich die Frage, ob bei einer Ablation über 100 µm eine prophylaktische MMC-Applikation sinnvoll ist. Ein Konsens liegt diesbezüglich noch nicht vor, da keine langfristige Ergebnisse bekannt sind. Dennoch sieht unsere Arbeitsgruppe, wie einige andere Ophthalmochirurgen (30), einen positiven Ansatz in der prophylaktischen MMC-Applikation. Im Gegensatz zu anderen Arbeitsgruppen gehen wir gestaffelt vor und richten die MMC-Benetzungszeit nach der Tiefe der Ablation:

- Zwischen 90 und 110 µm 30 s (Abb. 4.13a+b)
- Von 110 bis 130 µm 1 min
- Bei noch tieferen Laserungen bis 2 min

Einen weiteren viel versprechenden (jedoch arbeitsintensiven) Ansatz zur Beschleunigung der Epithelialisierung und damit auch der Reduktion der Wundheilungsreaktion stellt eine zusätzliche Anbringung von Amnionmembranstreifen dar (23).

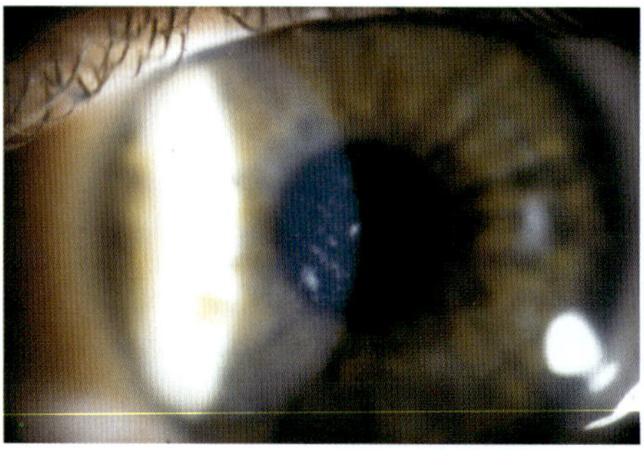

a

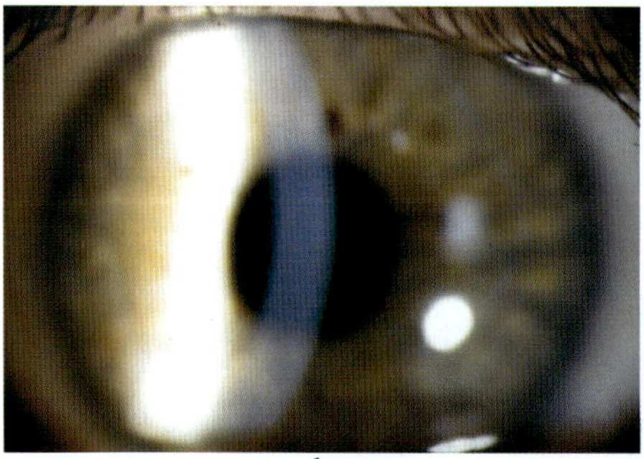

b

Abb. 4.13a+b: Vergleich zwischen einer komplikationsfreien Standard-LASEK und LASEK mit Mitomycin C (MMC) bei mittlerer Myopie und myopem Astigmatismus nach 1 Jahr nach OP. a) Am rechten Auge persistiert ein feines retikuläres Haze von 1+ mit einer entsprechenden Regression von -0,75 dpt. b) Am linken Auge wurde bei einer identischen Refraktion 0,02 % MMC über 30 s benutzt. Es resultiert eine glasklare Hornhaut und ein sc-Visus von 1,2.

4.2.4. Zukünftige Entwicklungen der Oberflächenablation

Sowohl PRK als auch LASEK können in Ausnahmefällen, wie beispielsweise eine drohende Amblyopie bei Anisometropie und Kontaktlinsenintoleranz, auch im Kindesalter eingesetzt werden (1). In diesem Sinne erscheinen die Ergebnisse einer neuen Studie an 27 Kindern im Alter von 4 bis 7 Jahren besonders spektakulär: Bei einer präoperativen Myopie von 6 bis 11,25 dpt hat die laserkorrigierte Gruppe besser abgeschnitten als eine gematchte Vergleichsgruppe mit traditioneller Behandlung, also einer Kontaktlinsenkorrektur. Während die behandelten Augen 2 Jahre postoperativ einen bestkorrigierten Visus von 0,78 aufwiesen, konnte die Kontrollgruppe lediglich einen durchschnittlichen cc-Visus von 0,42 vorweisen (4).

Während die wellenfrontgeführte LASIK langsam an Boden gewinnt, sind die Erfahrungen mit der Wellenfront-PRK oder -LASEK begrenzt. Zugleich ist es inzwischen bekannt, dass die PRK bei regelrechter Wundheilung geringere Aberrationen höherer Ordnung erzeugt als die LASIK (33). Die ersten Ergebnisse bei der Oberflächenablation deuten darauf hin, dass eine Verbesserung des mesopischen Sehens durch die Implementation der Wellenfronttechnologie sowohl bei der PRK (14) als auch bei der LASEK möglich sind (29).

Ein weiterer Paradigmenwechsel soll vollständigkeitshalber ebenfalls erwähnt werden. Bis vor wenigen Jahren galt es als obsolet **auf** einem LASIK-Flap einen weiteren Lasereingriff durchzuführen. Seit dem letzten Jahr gibt es allerdings vermehrt Berichte, die positive Ergebnisse sowohl nach LASEK als auch PRK-Nachlaserungen auf dem Flap schildern (11, 52). Bei dem letzten ASCRS-Symposium (San Diego, Mai 2004) stellte Donnenfeld eine Metaanalyse aus 87 Fällen, darunter 9 eigene (25) zusammen; in 2/3 der Fälle wurde zusätzlich MMC angewendet.

Zusammenfassend lässt sich erkennen, dass die Oberflächenablation ihr Stiefkinddasein der letzten Jahre langsam verlässt. Diese Entwicklung ist auf die verbesserte Qualität der Laserablation genauso wie auf die bessere Kontrolle der Wundheilung durch LASEK-Technik oder Verwendung von Adjuvanzien zurückzuführen. Einen weiteren Popularitätsschub erwartet der Autor durch die Standardisierung der Epiflappräparation mittels Epi-LASIK (siehe Kap. 4.3). Die empfohlene Obergrenze von -6 dpt erscheint veraltet. Diese soll durch die maximale Abtragtiefe von 100 µm ersetzt werden. Größere Ablationen unter Verwendung von Wundheilungsmodulatoren erscheinen möglich, ihr gegenwärtiger Einsatz soll aber aufgrund fehlender Langzeitergebnisse als im Stadium der klinischen Erprobung betrachtet werden.

Literatur

1. Alió JL, Artola A, Claramonte P, et al. Photorefractive keratectomy for pediatric myopic anisometropia in children. J Refract Surg 1999; 15:429-435

2. Anderson NJ, Beran RF, Schneider TL. Epi-LASEK for the correction of myopia and myopic astigmatism. J Cataract Refract Surg 2002; 28:1343-7

3. Autrata R, Rehurek J. Laser-assisted subepithelial keratectomy and photorefractive keratectomy for the correction of hyperopia. Results of a 2-year follow-up J Cataract Refract Surg 2003;29:2105-14

4. Autrata R, Rehurek J. Laser-assisted subepithelial keratectomy and photorefractive keratectomy versus conventional treatment of myopic anisometropic amblyopia in children

5. Autrata R, Rehurek J. Laser-assisted subepithelial keratectomy for myopia: 2-year follow-up J Cataract Refract Surg 2004; 30:74-84

6. Azar DT, Ang RT, Lee JB et al. Laser subepithelial Keratomileusis : electron microscopy and visual outcomes of flap photorefractive keratectomy. Curr Opin Ophthalmol 2001; 12: 323-28

7. Badala F, Fioretto M, Macri A. Effect of Topical 0.1 % Indomethacin Solution Versus 0.1 % Fluorometholon Acetate on Ocular Surface and Pain Control Following Laser Subepithelial Keratomileusis (LASEK). Cornea 2004; 23: 550-553.

8. Binder P. Flap dimensions created with the Intralase FS laser. J Cataract Refract Surg 2004; 30:26-32

9. Camellin M, Cimberle M.LASEK may offer the advantages of both Lasik and PRK. Ocular Surgery News, March 1999, page 28

10. Carones F, Vigo L, Scandola E, Vacchini L. Evaluation of the prophylactic use of mitomycin-C to inhibit haze formation after photorefractive keratectomy. J Cataract Refract Surg 2002; 28:2088-95

11. Chalita MR, Roth AS, Krueger RR. Wavefront-guided surface ablation with prophylactic use of mitomycin C after a buttonhole laser in situ keratomileusis flap. J Refract Surg. 2004; 20:176-81

12. Claringbold TV. Laser-assisted subepithelial keratectomy for the correction of myopia. J Cataract Refract Surg 2002; 28:18-22

13. Dastjerdi MH, Soong HK. LASEK. Curr Opin Ophthalmol 2002; 13:261-3

14. Dausch D. Customized correction of spherical aberrations with advance surface ablation using the MEL 80. Symposium on Cataract, IOL and Refractive Surgery, San Diego, Mai 2004. Abstraktbuch S. 193

15. Donnenfeld E, Stein J, Landrio L, et al. Combined PTK and wavefront-guided PRK for residual myopia and striae after Lasik. Symposium on Cataract, IOL and Refractive Surgery, San Diego, Mai 2004. Abstraktbuch S. 78

16. Gabler B,, Winkler von Mohrenfels C, Gora F, HerrmannW, Lohmann CP. Excimer-laser subepitheliale Ablation (ELSA) zur Behandlung von Myopien bis -8,0 dpt: Ergebnisse nach 12 Monaten. Klin Monatsbl Augenheilkd 2003; 220: Suppl 1, S 2

17. Griffith M, Jackson WB, Lafontaine MD, Mintsioulis G, Agapitos P, Hodge W. Evaluation of current techniques of corneal epithelial removal in hyperopic photorefractive keratectomy. J Cataract Refract Surg 1998; 24: 1070-8

18. Kang F, Tao J, Li Q, Zhu S, Deng A, Liu X. Mechanism and treatments of regression and haze after photorefractive keratectomy.Zhonghua Yan Ke Za Zhi. 2002; 38: 433-7.

19. Kezirian GM, Stonecipher KG, Comparison of the IntrLase femtosecond laser and mechanical keratomes for laser in situ keratomileusis. J Cataract Refract Surg 2004; 30:804-811

20. Kohnen T (Ed) Consultation section. J Cataract Refract Surg 2004 ; 30 :945-952

21. Kunze S, Sekundo W. Mitomycin C als Adjuvans zum Vermeiden signifikanter Haze-Bildung nach phototherapeutischen Eingriffen an Hornhauttransplantaten. Ophthalmologe Suppl.1 2003, S.219

22. Lai YH, Wang HZ, Lin CP, Chang SJ. Mitomycin C alters corneal stromal wound healing and corneal haze in rabbits after argon-fluoride

excimer laser photorefractive keratectomy. J Ocul Pharmacol Ther. 2004; 20:129-38.

23. Lee HK, Kim KJ, Kim SS et al. Effect of amniotic membrane after laser-assisted subepithelial keratectomy on epithelial healing: Clinical and refractive outcomes. J Cataract Refract Surg 2004; 30:334-340

24. Lee JB, Seong GJ, Lee JH, Seo KY, Lee YG, Kim EK. Comparison of laser epithelial keratomileusis and photorefractive keratectomy for low to moderate myopia. J Cataract Refract Surg 2001; 27: 565-70

25. Litwak S, Zadok D, Garcia-de Quevedo V, Robledo N, Chayet AS. Laser-assisted subepithelial keratectomy versus photorefractive keratectomy for the correction of myopia. A prospective comparative study. J Cataract Refract Surg 2002; 28: 1330-3

26. Lohmann CP, Patmore A, O'Brart DPS, Reischl U, Winkler von Mohrenfels C, Marshall J. Regression and wound healing after excimer laser PRK: a histopathological study on human corneas. Eur J Ophthalmol 1997; 7:130-138

27. Majmudar PA, Forstot SL, Dennis RF, et al. Topical mitomycin C for subepithelial fibrosis after refractive corneal surgery. Ophthalmology 2000; 107:89-94

28. McDonald MB, Kaufman HE, Frantz JM. Excimer laser ablation in a human eye: case report. Arch Ophthalmol 1989;107: 641-42

29. Mintsioulis G, Jacson WB, Lafontaine MD, et al. Comparison of conventional LasEk and wavefront-based LasEk. Symposium on Cataract, IOL and Refractive Surgery, San Diego, Mai 2004. Abstraktbuch S.47

30. Mirza MA, Qazi MA, Pepose JS. Treatment of dense subepithelial corneal haze after laser-assisted subepithelial keratectomy. J Cataract Refract Surg 2004; 30:709-714

31. Müller B, Boeck T, Hartmann C. Effect of excimer laser beam delivery and beam shaping on corneal sphericity in photorefractive keratectomy. J Cataract Refract Surg 2004; 30:464-470

32. Nagy ZZ, Fekete O, Suveges I. Photorefractive keratectomy for myopia with the Meditec MEL 70G-Scan flying spot laser. J Refract Surg. 2001;17:319-26.

33. Oshika T, Klyce SD, Applegate RA, et al. Comparison of corneal wavefront aberrations after photorefractive keratectomy and laser in situ keratomileusis. Am J Ophthalmol 1999;127:1-7

34. Pallikaris I, Papatsianaki M, Siganos D, Tsilimbaris MK. A corneal flap technique for laser in situ keratomileusis. Arch Ophthalmol 1991; 145:1699-1702

35. Pirouzian A, Thornton JA, Ngo S. A randomized prospective clinical trial comparing laser subepithelial keratomileusis and photorefractive keratectomy. Arch Ophthalmol 2004; 22:11-6

36. Resch M, Szentmary N, Nagy ZZ, Czumbel N Comparison of results of photorefractive keratectomy and laser in situ keratomileusis in the treatment of hyperopia using a flying spot excimer laser. Orv Hetil 2004; 145: 573-8.

37. Rouweyha RM, Chuang AZ, Mitra S, Philipps CB, Yee RW. Laser epithelial keratomileusis for myopia with the autonomous laser. J Refract Surg 2002;18:217-224

38. Scerrati E. Laser in situ keratomileusis ver[illegible] er epithelial keratomileusis. J Refract Surg 2001; 17 (2 Suppl): S 219-21

39. Shahinian L Jr. Laser-assisted subepithelial keratectomy for low to high myopia and astigmatism. J Cataract Refract Surg 2002; 28:1334-42

40. Schipper I, Suppelt C, Gebbers JO. Mitomycin C reduces scar formation after excimer laser (193 nm) photorefractive keratectomy in rabbits Eye 1997; 11:649-55.

41. Seiler T (Hrsg) Refraktive Chirurgie der Hornhaut. 2000 Enke Verlag, Stuttgart

42. Sekundo W. Refraktive Chirurgie. In Augustin AJ (Hrsg.) "Augenheilkunde", Springer, Heidelberg New York Tokio; 2001: S 789-808

43. Sekundo W, Bönike K, Mattausch P, Wiegand W. Six-year follow-up of laser in situ keratomileusis for moderate and extreme myopia using a first-generation excimer laser and microkeratome. J Cataract Refract Surg. 2003; 29:1152-1158

44. Sekundo W, Tietjen A. Laser assistierte sub-epitheliale Keratektomie (LasEk): Übersicht über den gegen-

wärtiger Kenntnisstand. Ophthalmologe 2003; 100:603-610

45. Serrao S, Lombardo M, Mondini F. Photorefractive keratectomy with and without smoothing: a bilateral study. J Refract Surg. 2003;19:58-64

46. Solomon R, Donnenfeld ED, Perry HD. Photorefractive keratectomy with mitomycin C for the management of a LASIK flap complication following a penetrating keratoplasty. Cornea 2004; 23:403-5.

47. Steinkamp GWK, Wellermann G, Schnitzler EM, Baumeister M, Ohrloff C, Kohnen T. Photorefraktive Keratektomie bei niedriger Myopie und myopem Astigmatismus. Broad beam versus Scanning-spot Lasertechnologie. Ophthalmologe 2001; 98:60-65

48. Szaflik JP, Ambroziak AM, Szaflik J. Therapeutic use of a lotrafilcon A silicone hydrogel soft contact lens as a bandage after LASEK surgery. Eye Contact Lens 2004; 30:59-62.

49. Trockel SL, Srinivasan R, Braren B. Excimer laser surgery of the cornea. Ophthalmol 1983; 96:710-15.

50. Vigo L, Scandola E, Carones F Scraping and mitomycin C to treat haze and regression after photorefractive keratectomy for myopia J Refract Surg 2003;19:449-54.

51. Vinciguerra P, Camesasca FI, Randazzo A One year results of butterfly laser epithelial keratomileusis for myopia. J Refract Surg 2002; 19 (2 Suppl): S 223-6

52. Weisenthal RW, Salz J, Sugar A, Mandelberg A, Furlong M, Bagan S, Kandleman S. Photorefractive keratectomy for treatment of flap complications in laser in situ keratomileusis. Cornea 2003; 22:399-404.

4.3. Von PRK zu Epi-LASIK

Seit der Einführung des Excimer-Lasers für die photorefraktive Korrektur von Ametropien sind verschiedene photorefraktive Techniken entwickelt worden, um die bestmöglichen Ergebnisse mit minimalen Komplikationen zu erreichen. Die photorefraktive Keratektomie (PRK) war die erste Anfang der 90er Jahre beschriebene Technik (1, 2). Obwohl sie sich als sicher und vorhersehbar für die Korrektur von gering- bis mittelgradigen Myopien erwies, wurde ihre Anwendung eingeschränkt wegen postoperativen Schmerzes und Trübungsrisikos. Laser in situ Keratomileusis (LASIK) (3, 4), welche die Ablation tiefer im Stromagewebe nach der Schaffung eines cornealen Lappens unterstützt, wurde bald populärer, wegen der schnelleren visuellen Rehabilitation und der Fähigkeit dieser Technik, höhere Grade von Ametropien zu korrigieren. Trotzdem haben mögliche flapbezogene Komplikationen (5, 6), die diffuse lamelläre Keratitis (7) und das Risiko von cornealer Ektasie (8), viele refraktive Chirurgen dazu veranlasst, zu "Oberflächenablationen" zurückzukehren.

Mit dem Ziel, die negativen Seiten der PRK auf ein Minimum zu reduzieren, wurden fortgeschrittene "Oberflächenablationen" entwickelt. Laserassistierte subepitheliale Keratomileusis (LASEK) ist die erste beschriebene fortgeschrittene "Oberflächenablation" (9), die die Separation von cornealem Epithelium nach Applikation einer Alkohollösung auf der Cornea und sein Wiederauflegen auf das ablatierte Stroma beinhaltet. Dieser epitheliale Lappen fungiert als natürliche Kontaktlinse während der Epithelheilung (10).

Epi-LASIK (11, 12), eine neue Technik die an der Universität Kreta entwickelt wurde, bietet eine Alternative zur epithelialen Separation ohne die Benutzung von Alkohol, bei der ein toxischer Effekt auf das Epithelium und das darunter liegende Stroma nicht ausgeschlossen werden kann (13,14). Ihr Name wird von dem griechischen Wort "*epipolis*", welches "oberflächlich" bedeutet, und dem Wort LASIK abgeleitet. Bei Epi-LASIK wird ein intakter epithelialer Lappen unter Benutzung des Centurion Epiedge Epikeratoms (Norwood Abbey, Australia) abgetrennt. Dieses Gerät hat kürzlich die CE-Marke und die 510 K-Zulassung für die klinische Benutzung erhalten, und es ist auf dem Markt erhältlich. Epi-LASIK ist derzeit die Methode der Wahl für die Behandlung von geringgradigen Myopien an der Universität Kreta und ist bisher weltweit an 400 Augen durchgeführt worden. In diesem Kapitel werden wir die Effekte der mechanischen Trennung auf das Epithelium demonstrieren. Zusätzlich werden wir diese neue Methode sowie unsere ersten klinischen Ergebnisse beschreiben.

4.3.1. Histologische Studie

Unter Benutzung von Licht- und Elektronenmikroskopie wurde die Morphologie der mechanisch separierten epithelialen Scheibe als auch die Teilungsebene der Separation bestimmt. Fünfzehn epitheliale Scheiben wurden direkt nach ihrer Separation aus der Cornea gewonnen, deren Behandlung im Weiteren nach PRK erfolgte. Die lichtmikroskopische Untersuchung zeigte eine normale Morphologie der Epithelscheiben, welche eine konstante Dicke auf ganzer Länge aufwiesen und ihre typische Mehrschichtigkeit beibehielten.

In keiner der Proben wurde ein Lamellenschnitt beobachtet. In der Transmissionselektronenmikroskopie der Epithelscheiben ließ sich eine Abtrennung der Epithelschicht unterhalb der Basalmembran nachweisen. Die Basalepithelzellen hatten eine normale Morphologie mit minimalen Anzeichen eines Traumas und Ödems und ruhten auf der vorstehenden Basallamina, die aus der scheinbar strukturlosen Lamina lucida und einer elektronendichten Lamina densa bestand. Unterhalb der Basalmembran ließ sich ein oberer Teil der Bowman-Schicht in der Epithelscheibe nachweisen (Abb. 4.14). Die intrazellulären Organellen und die interzellulären desmosomalen sowie hemidesmosomalen Verbindungen mit der Basalmembran zeigten normale Strukturen.

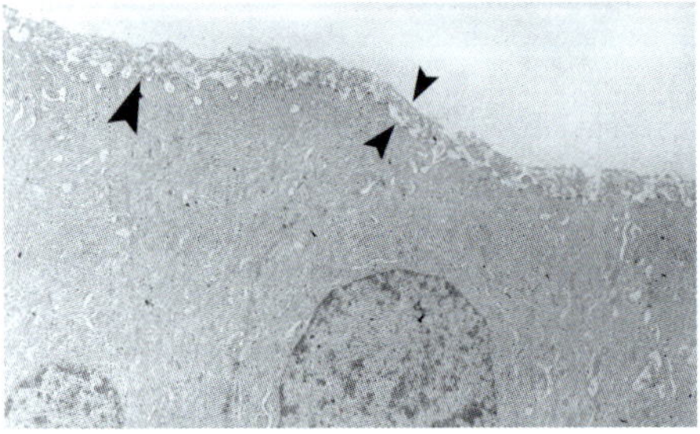

Abb. 4.14: Transmissionselektronenmikroskopie einer mechanisch separierten Epithelscheibe. Unter der Basallamina war ein oberer Teil der Bowman-Schicht sichtbar (zwischen den Pfeilspitzen). Zahlreiche Hemidesmosomen (große Pfeilspitze) verankerten die Epithelzelle auf der Membranbasis (Originalvergrößerung x 6.000).

Alkoholgestützte epitheliale Separationen werden als innerhalb der Basalmembran stattfindend beschrieben (11, 15, 16). Da sich gezeigt hat, dass die Basalmembran eine wichtige Rolle bei der epithelialen Wundheilung spielt (17), könnte ihre Erhaltung in der Epithelscheibe bei Anwendung von Epi-LASIK sich günstig auf die Heilung nach Behandlung auswirken. Obwohl Alkohollösungen in den spezifischen Konzentrationen und in dem Zeitraum, in dem sie bei Anwendung von LASEK benutzt werden, nicht toxisch wirken sollen (18, 19), scheint somit die mechanische Separation den Vorteil einer tieferen Teilungsebene im Vergleich zu alkoholischer Separation zu haben.

4.3.2. Epi-LASIK: Chirurgische Behandlung

Das zu operierende Auge wird mit drei Tropfen lokalen Tetracainhydrochlorid 0,5 % (appliziert alle 5 Minuten vor der Behandlung) und Povidone-Iodine vorbereitet und mit einem sterilem Operationsabdecktuch abgedeckt. Vor der epithelialen Separation wird die Cornea mit einem speziell angefertigten Epi-LASIK-Marker (Epi-LASIK Marker Duckworth & Kent, Baldock, UK) markiert. Der Marker weist zwei konzentrische Kreise, die durch 8 radiale Arme durchkreuzt werden, auf. Bei Wiederaufbringen der Epithelscheibe, gebieten Deformitäten der präoperativen Markierungen deren ordnungsgemäße Reposition.

Centunion Epiedge Epikeratom ist ein elektrisch betriebenes Gerät, das niedrigsaugend funktioniert, ähnlich wie ein konventionelles Mikrokeratom. An Stelle einer Klinge enthält es einen einmal verwendbaren oszillierenden polymethylmethacrylaten Separator (PMMA) mit einer Vorsprunggeschwindigkeit von 3,5 mm/s. Die resultierende Epithelscheibe hat ein nasales Scharnier und einen Durchmesser von 9,5 bis 10 mm. Manipulationen an der Epithelscheibe, betreffend sowohl Reflektion als auch Wiederaufbringen, werden unter Benutzung eines feuchten Schwammes durchgeführt. Das Wiederaufbringen der separierten Epithelscheibe wird in vielen Fällen mit einer einzigen Bewegung erreicht. Nach innen oder außen gebildete Ränderfaltungen können mit einer Vorderkammerirrigationskanüle unter konstanter Irrigation korrigiert werden. Sobald die Epithelscheibe auf dem darunter liegenden Stroma fixiert ist, wird eine therapeutische Kontaktlinse auf dem operierten Auge angebracht.

Postoperative Behandlung

Diclofenac sodium 0,1 % q.i.d. wird für zwei Tage verordnet. Zusätzlich werden kombinierte Gentamycin-Dexamethason- oder Tobramycin-Dexamethason-Augentropfen bis zur Entfernung der therapeutischen Linse verabreicht. Nach der Entfernung der Linsen erhalten die behandelten Augen für fünf Wochen Fluorometholon-Augentropfen g.i.d. in langsam nachlassender Dosis. Künstliche Tränen werden zur Benutzung nach Ermessen des Patienten verordnet.

Erste postoperative Tage

Nach der Operation überdeckt die wieder aufgebrauchte Epithelscheibe häufig ihre anfängliche Rinne, was auf ihre elastischen Eigenschaften und ihre operative mechanische Dehnung während der Separation zurückzuführen ist. Epi-LASIK-Patienten werden eine Stunde nach der Behandlung, wenn die epitheliale Scheibe transparent ist, untersucht. Beginnend von dem peripheren Teil rund um die Ränder der Scheibe am ersten postoperativen Tag, wird die Scheibe bis ungefähr am dritten Tag nach der Operation in ihrer gesamten Oberfläche trüb. Gleichzeitig zeigt die biomikroskopische Untersuchung eine Front von neu synthetisiertem, transparentem Epithel das von der cornealen Peripherie in Richtung des Zentrums der cornealen Oberfläche migriert. Häufig gibt es eine klare Grenzlinie zwischen dem migrierenden Epithel und der separierten Scheibe. Während des Fortschreitens des Heilungsprozesses scheinen die migrierenden Zellen die separierte Epithelscheibe zu ersetzen, welche sich nach und nach auf das Zentrum begrenzt. Da die Trübung der Epithelscheibe bei den verschiedenen Patienten variiert, besteht eine entsprechend variierende Erkennbarkeit der Grenze bei der Spaltlampenuntersuchung. Ungefähr am dritten postoperativen Tag zeigt die Mehrheit der operierten Augen eine zentrale Insel aus getrübtem Epithel, die mit Fluoreszin gefärbt wird. Nach dieser Phase ist die Transparenz des cornealen Epithels binnen 24 bis 48 Stunden wiederhergestellt, und die therapeutische Kontaktlinse wird entfernt (Abb. 4.15). Die Zeit für die epitheliale Heilung variiert von 3 bis 5 Tagen.

Abb. 4.15: Spaltlampenphotographie eines mit Epi-LASIK behandelten Auges am fünften postoperativen Tag. Die zentrale Heilungslinie signalisiert die Entfernung der therapeutischen Kontaktlinsen.

4.3.3. Klinische Ergebnisse

Bis jetzt haben wir 205 mechanisch unterstützte epitheliale Separationen an der Universität von Kreta durchgeführt. 96 Augen wurden aufgrund Epi-LASIK geheilt, während der Rest der separierten Scheiben histologisch ausgewertet wurden; die weitere Behandlung erfolgte mit der PRK-Methode. Alle registrierten Patienten hatten eine stabile Refraktion, keine okulären Erkrankungen, keine vorangegangene refraktive Operation oder irgendwelche systemische Erkrankung, die die epitheliale Heilung hätte beeinflussen können. Das präoperative sphärische Äquivalent betrug bis zu -7,75 dpt und der Zylinder bis zu -2,25 dpt. Die Ergebnisse der ersten sechsundneunzig mit Epi-LASIK wegen Myopie und myopischen Astigmatismus behandelten Augen, welche über den Zeitraum von sechs Monaten nachuntersucht wurden, demonstrierten die Effizienz, die Sicherheit und die Voraussehbarkeit dieser Methode. Unsere Ergebnisse waren vergleichbar mit den publizierten Ergebnissen von LASEK (15, 21-25). Die Patienten wurden bis zur Entfernung der Kontaktlinse täglich untersucht. Wir bemerkten, dass während dieser ersten postoperativen Tage die UCVA der behandelten Augen mit dem Progress der epithelialen Heilung und der Transparenz der wiederaufgebrauchten Epithelscheibe genau korrespondierte. Genauer, der unkorrigierte Visus (UCVA) ist charakteristischerweise am ersten postoperativen Tag, an dem die Epithelscheibe transparent ist, besser und nimmt während der nächsten zwei Tage ab, an denen die Epithelscheibe trüber wird; er nimmt wieder zu, wenn die epitheliale Heilung abgeschlossen ist.

Um die subjektive Schmerzeinschätzung der Patienten zu registrieren, baten wir sie, ihren Schmerz oder ihr Unwohlgefühl unter Benutzung einer bestimmten Skala alle zwei Stunden am operativen Tag und einmal täglich an den nächsten Tagen einzustufen. Die durchschnittlichen Schmerzergebnisse lagen während der ersten zwei postoperativen Stunden unter der Brenngefühlsschwelle und sanken nach den ersten vier postoperativen Stunden unter die Unwohlgefühlsschwelle. Deshalb ist - ähnlich wie LASEK - Epi-LASIK keine gänzlich schmerzfreie Methode. Um dieses Ergebnis zu beeinflussen, schlossen wir in die Behandlung der letzten 20 Augen eine intraoperative Kühlung der Cornea ein. Wir kühlten die Cornea unmittelbar vor der Separation sowie nach der Ablation mit der Instillation von vorgefrorener balancierter Salzlösung. Nach dieser Abänderung der Technik lag der von den Patienten berichtete Schmerz bei allen Patienten in den ersten postoperativen Stunden unter der Unwohlgefühlsschwelle.

Nach sechs Monaten hatten 94 % der Augen eine UCVA von 20/25 oder besser, während 40 % der Augen eine und 8 % zwei Snellen-Linien, betreffend BCVA, gewonnen hatten. Die überwältigende Mehrheit der Epi-LASIK-Augen hatten klare Corneae oder nur geringfügige Trübungen nach drei (96 %) und sechs Monaten (100 %) postoperativen Intervalls.

4.3.4. Schlussfolgerungen

Die histologischen Ergebnisse demonstrieren die Sicherheit von Epi-LASIK und deuten darauf hin, dass Epi-LASIK gegenüber LASEK im Vorteil ist, was die Lebensfähigkeit der Epithelscheibe und den Wundheilungsprozess nach der Behandlung betrifft. Im Gegensatz zu der alkoholunterstützten Separation, welche verschiedene Lösungsverdünnungen und gewisse Expositionszeiten impliziert (20, 21, 26), kann das Epikeratom die mechanisch betriebene Separation wiederholt und völlig automatisch durchführen, wobei für erfahrene LASIK-Chirurgen eine kurze Erlernungsperiode ausreicht. Vorläufige klinische Ergebnisse lassen darauf schließen, dass Epi-LASIK als eine sichere und effiziente alternative chirurgische Modalität bei niedriger Myopie angesehen werden kann. In Anbetracht der vorläufigen ermutigenden Ergebnisse bei niedriger Myopie, wird das nächste Ziel sein, diese Technik bei Korrekturen höherer Myopie einzusetzen. Zukünftige randomisierte vergleichende Studien zwischen Epi-LASIK und PRK werden die potenziellen Vorteile der behandelten Epithelscheibe bei Epi-LASIK beweisen.

Literatur

1. Seiler T, Wollensak J. Myopic photorefractive keratectomy with excimer laser; one-year follow up. Opthalmology 1991; 98:1156-1163.

2. Epstein D, Fagerholm P, Hamberg-Nystroem H, Tengroth B. Twenty four-month follow up of excimer laser photorefractive keratectomy for myopia; refractive and visual outcome results. Opthalmology 1994; 101:1558-1563.

3. Pallikaris IG, Papatzanaki ME, Siganos DS, Tsilimbaris MK. A corneal flap technique for laser in situ keratomileusis. Human studies. Arch Ophthalmol 1991; 109 (12): 1699-702.

4. Hersh PS, Brint SF, Maloney RK, et al. Photorefractive keratectomy versus laser in situ keratomileusis for moderate to high myopia; a randomized prospective study. Opthalmology 1998; 105:1512-1522.

5. Pallikaris IG, Katsanevaki VJ, Panagopoulou SI. Laser in situ keratomileusis intraoperative complications using one type of microkeratome. Ophthalmology 2002; 109(1): 57-63

6. Melki SA, Azar DT. LASIK complications: Etiology, management, and prevention. Surv Ophthalmol 2001 (2); 46:95-116

7. Smith RJ, Maloney RK. Diffuse lamellar keratitis. A new syndrome in lamellar refractive surgery. Ophthalmology. 1998; 105(9): 1721-6

8. Pallikaris IG, Kymionis GD, Astyrakakis NI. Corneal ectasia induced by laser in situ keratomileusis. J Cataract Refract Surg. 2001; 27(11): 1796-802

9. Camellin M, Cimberle M. LASEK technique promising after 1 year of experience. Ocular Surg News 2000; 18 (1): 14-17.

10. Lee JB, Seong GJ, Lee JH, Seo KY, Lee YG, Kim EK. Comparison of laser epithelial keratomileusis and photorefractive keratectomy for low to moderate myopia. J Cataract Refract Surg 2001; 27(4):565-70.

11. Pallikaris IG, Naoumidi II, Kalyvianaki MI, Katsanevaki VJ. Epi-LASIK: Comparative histological evaluation of mechanical and alcohol - assisted epithelial separation. J Cataract Refract Surg 2003; 29(8):1496-501.

12. Pallikaris IG, Katsanevaki VJ, Kalyvianaki MI, Naoumidi II. Advances in subepithelial excimer refractive surgery techniques: Epi-LASIK. Curr Opin Ophthalmol. 2003 Aug; 14(4): 207-12.

13. Kamm O. The relation between structure and physiological action of the alcohols. J of the American Pharmaceutical Association 1921; 10:87-92.

14. Kim SY, Sah WJ, Lim YW, Hahn TW. Twenty percent alcohol toxicity on rabbit corneal epithelial cells: electron microscopic study. Cornea 2002 May; 21(4): 388-92.

15. Azar DT, Ang RT, Lee JB, Kato T, Chen CC, Jain S, Gabison E, Abad JC. Laser subepithelial keratomileusis: electron microscopy and visual outcomes of photorefractive keratectomy. Curr Opin Ophthalmol 2001; 12 (4): 323-328.

16. Espana EM, Gruetereich M, Mateo A, Romano AC, Yee SB, Yee RW, Tseng SCG. Cleavage plane of corneal basement membrane components by ethanol exposure

in laser-assisted subepithelial keratectomy. J Cataract Refract Surg 2003; 29: 1192-1197.

17. Stramer BM, Zieske JD, Jung JC, Austin JS, Fini ME. Molecular mechanisms controlling the fibrotic repair phenotype in cornea: implications for surgical outcomes. Invest Ophthalmol Vis Sci. 2003 Oct; 44(10): 4237-46.

18. Chen CC, Chang JH, Lee JB, Javier J, Azar DT. Human corneal epithelial cell viability and morphology after dilute alcohol exposure. Invest Ophthalmol Vis Sci 2002; 43(8): 2593-2602.

19. Gabler B, Winkler von Mohrenfelds C, Dreiss AK, Marshall J, Lohmann CP. Vitality of epithelial cells after alcohol exposure during laser-assisted subepithelial keratectomy flap preparation. J Cataract Refract Surg 2002; 28: 1841-1846.

20. Camellin M. Laser epithelial keratomileusis for myopia. J Refract Surg 2003; 19: 666-670.

21. Chalita MR, Tekwani NH, Krueger RR. Laser epithelial keratomileusis: Outcome of initial cases performed by an experienced surgeon. J Refract Surg 2003; 19: 412-415.

22. Anderson NJ, Beran RF, Schneider TL. Epi-LASEK for the correction of myopia and myopic astigmatism. J Cataract Refract Surg 2002; 28: 1343-1347.

23. Claringbold VT. Laser-assisted subepithelial keratectomy for the correction of myopia. J Cataract Refract Surg 2002; 28:18-22.

24. Shahinian L. Laser-assisted subepithelial keratectomy for low to high myopia and astigmatism. J Cataract Refract Surg 2002; 28: 1334-1342.

25. Rouweyha RM, Chuang AZ, Mitra S, Phillips CB,Yee RW. Laser Epithelial Keratomileusis for myopia with the Autonomous Laser. J Refract Surg 2002; 18:217-224.

26. Litwak S, Zadok D, Garcia-de Quevedo V, Robledo N, Chayet AS. Laser-assisted subepithelial keratectomy versus photorefractive keratectomy for the correction of myopia. A prospective comparative study. J Cataract Refract Surg 2002; 28: 1330-1333.

Präoperative Untersuchungen und Geräte im Rahmen der refraktiven Chirurgie

5. Präoperative Untersuchungen und Geräte im Rahmen der refraktiven Chirurgie

5.1. Pupillenmessung vor laser-refraktiven Hornhauteingriffen

Das jüngste Urteil eines Schöffengerichts aus Arizona, das einem Patienten 4 Millionen US-Dollar Entschädigung aufgrund nächtlicher Sehstörungen (NS) zugesprochen hatte, hat die Gemeinde der refraktiv-tätigen Augenchirurgen alarmiert. Obgleich davon auszugehen ist, dass eine präoperative Pupillenmessung vor jedem refraktiven Eingriff stattfindet, stellt sich zunächst eine ganze Reihe von Fragen, auf die es zur Zeit keine einheitliche Antwort gibt:

Was ist das "Goldstandard"-Gerät zur Ermittlung der Pupillengröße? Und falls es ein solches Gerät gibt: Unter welchen Lichtbedingungen soll die Messung vorgenommen werden?

Hängen die bekannten NS, wie die so genannten "Glare" und "Halos", wirklich von der Relation zwischen der gewählten Ablationszone und der präoperativ gemessenen skotopischen bzw. mesopischen Pupille ab?

Und wenn das nicht sicher ist, so fragt sich, wo die Linie zwischen dem wirtschaftlich Vernünftigen und wissenschaftlich Notwendigen zu ziehen ist? Doch sogar diese Frage wird unterschiedlich beantwortet werden, je nachdem, ob es sich um ein "*high volume*-" oder "*low volume*"-Laserzentrum handelt.

Und schlussendlich verbleibt die Frage, welche Ablationszone bei einer bestimmten Pupillengröße zu wählen ist.

Obwohl Infrarotkamera-Digitalaufnahmen zeigen, dass die Pupillengröße bei standardisierten Licht- und Vigilanzbedingungen keinen Unterschied innerhalb einer Woche zeigt, wird die Pupille im Laufe des Lebens kleiner und zwar durchschnittlich um 0,043mm/Jahr (7).

Bevor über Messmethoden gesprochen werden kann, soll definiert werden, welcher Beleuchtungsgrad dem jeweiligen Begriff entspricht. Rosen schlug vor von einer "skotopischen" Pupille zu reden, wenn die Umgebungsleuchtdichte unter 0,05 lux liegt. Eine "mesopische" Pupille wäre zwischen 0,05 und 50 lux anzusiedeln (12). Hingegen ist die photopische Pupille für den Refraktivchirurgen von geringerem Interesse.

Die älteste und einfachste Messmethode, das Pupillenlineal nach Rosenbaum (Abb. 5.1), hat zwei große Nachteile: untersucherabhängige Messfehler sowie ein völliges Unvermögen unter skotopischen Bedingungen zu messen. Denn der Untersucher muss die Karte sehen, mehr noch: Er kann durch das Danebenhalten des Lineals die Lichtbedingungen an dem zu messenden Auge beeinflussen (11).

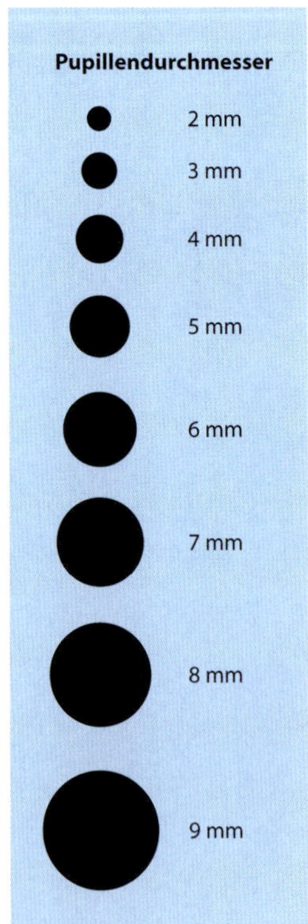

Abb. 5.1: Pupillenlineal nach Rosenbaum.

Weit verbreitet ist das Pupillometer-Gerät nach Colvard (Abb. 5.2): Es erfreute sich seit seiner Einführung durch den Erstbeschreiber im Jahre 1998 (1) einer steigenden Beliebtheit. Seine Anschaffungskosten liegen bei rund 1.500 Euro. Obwohl das von Colvard entwickelte Gerät auch im Vergleich zu anderen Infrarot-Pupillometern gut abschneidet, hat es letztendlich drei wichtige Limitationen:

- 1. Ein dynamisches System (Pupille) wird gegen eine statische Skala gemessen.
- 2. Es handelt sich um eine subjektive Messung mit intraindividuellen Messschwankungen seitens des Untersuchers.
- 3. Es wird immer unilateral gemessen. Dies kann dazu führen, dass signifikant größere Messergebnisse erhoben werden als bei binokularer Messung (17).

Abb. 5.2: Pupillometer nach Colvard. Auf der linken Bildseite befindet sich ein Okular für den Beobachter. Auf der rechten Bildseite sieht man eine drehbare Gummimanschette zum Abdichten des zu untersuchenden Auges.

Aus obigen Überlegungen geht hervor, dass eine automatisierte, binokulare und simultane Messung unter kontrollierten Beleuchtungsbedingungen einem Idealgerät am nächsten kommt. Gleichzeitig erscheint es von Vorteil, die fortdauernden Mikrobewegungen der Pupille, den so genannten Hippus, mitzuerfassen. Das kommerziell erhältliche Gerät P2000 SA (Procyon Instruments Ltd./UK) ist wohl das bekannteste Gerät dieser Generation von dynamischen digitalen Messvorrichtungen, das auch überzeugende Ergebnisse zeigt (Abb. 5.3) (5, 12, 14). Der Preis dieses Gerätes beträgt jedoch rund das Zehnfache des Colvard-Pupillometers und ist damit nur für hoch frequentierte Zentren wirtschaftlich sinnvoll.

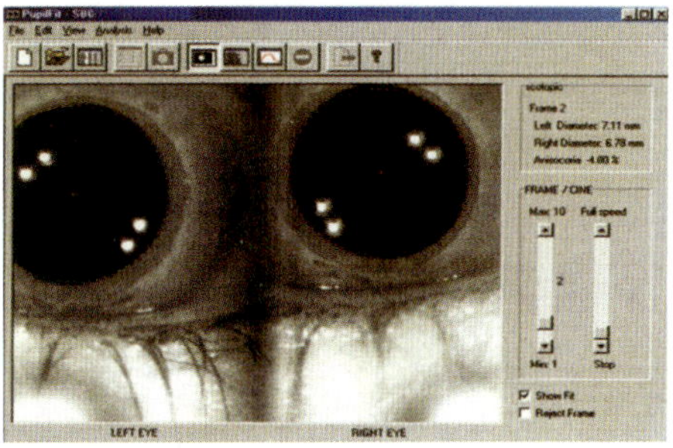

Abb. 5.3: Gleichzeitige Darstellung beider Pupillen auf dem Bildschirm des binokularen dynamischen Infrarot-Pupillometers "Procyon".

Da eine verlässliche Pupillenmessung bereits bei dem Zuweiser geschehen muss, hat unsere Arbeitsgruppe einen so genannten Grünlicht-Spaltlampentest entwickelt, der mit Hilfe einer Haag-Steit oder bauähnlicher Spaltlampe durchführbar ist (15): Nach einer entsprechenden Dunkeladaptation von 40 bis 60 s wird der Patient aufgefordert mit dem nicht untersuchten Auge in die Ferne zu schauen. Dabei wird ein möglichst schmaler Lichtspalt unter Verwendung des Grünfilters der Spaltlampe in einem Winkel von 10° bis 15° auf die Iris projiziert und mehrfach ein- und ausgeschaltet. In der Zwischenzeit wird die Spalthöhe so justiert, dass der Lichtspalt gerade noch die Iriskrause beleuchtet (Abb. 5.4). Nachdem der Patient die Augen geschlossen hat, wird die Pupillengröße im Dimmerlicht an der Spaltlampen-Messskala abgelesen. Das Licht wird komplett ausgeschaltet, und der Vorgang am Partnerauge wiederholt. Die Reproduzierbarkeit dieses Tests war in einer Untersuchung an 100 Augen gleich oder besser als die vom Colvard-Pupillometer. Allerdings wurden bei dem Grünlicht-Test durchschnittlich die Pupillenweiten bis zu 0,35 mm größer gemessen. Die Abweichung war insbesondere bei Pupillen > 7 mm nachweisbar.

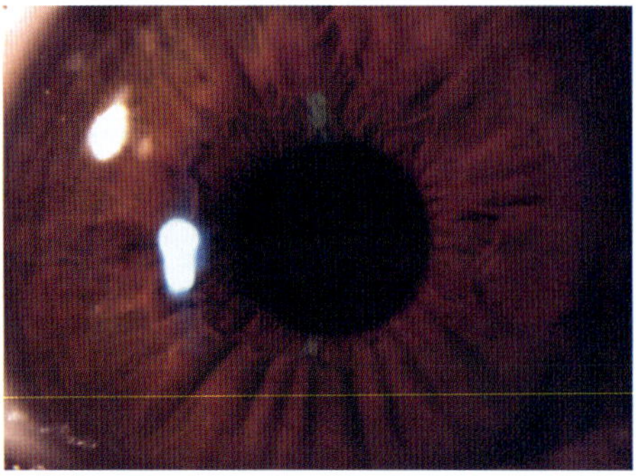

Abb. 5.4: Grünlicht-Spalttest. Nachgestellte Aufnahme (medikamentöse Mydriasis; zu Darstellungszwecken überlappt der Lichtabdruck den Pupillarsaum deutlich mehr als im richtigen Test), aus (15).

Fast zeitgleich wurde von Stark und Mitarbeitern ein ähnlicher Test für die Zeiss-Spaltlampe unter Verwendung eines Kobaltblau-Filters entwickelt (16): Die Abweichung von der Referenzmessung mit dem infraroten Videosystem von 0,75 mm war stärker ausgeprägt als mit unserem Test. Dies ist möglicherweise darauf zurückzuführen, dass Stark et al. die Pupille direkt und nicht in einem Winkel beleuchteten und/oder aufgrund unterschiedlicher filterabhängige Reize auf die Pupille. Außerdem war das Referenzgerät in beiden Studien nicht identisch (15, 16).

Der Glaube, dass eine Inkongruenz zwischen der skotopischen Pupille und der Ablationszone zwangsläufig zu NS führt, beruht auf alten Studien über radiäre Keratotomie oder photorefraktive Eingriffe mit der 5 mm-Ablationszone (8, 9). Die Durchsicht der Publikationen aus der jüngsten Zeit, in denen ausschließlich Ablationszonen ≥ 6 mm verwendet wurden, weist keine eindeutige Korrelation zwischen diesen Variablen auf (4, 6, 10). In der Studie von Pop und Payette an 795 Patienten bestand eine 2,8fache Korrelation zwischen den NS und einer Korrektur > -5 dpt, 2,5fache Korrelation bei einer optischen Zone unter 6 mm und 2,9fache Korrelation bei der Endrefraktion außerhalb des ±0,5 dpt-Bereichs (4). Allerdings hatten Patienten mit einer skotopischen Pupille > 6 mm mehr NS im ersten ½ Jahr, jedoch nicht 12 Monate nach der Operation (13). Freedman und Mitarbeiter versuchten diese subjektiven Befunde auf eine theoretisch-mathematische Basis zu stellen. Sie stellten fest, dass die effektive refraktive optische Zone für die Objekte entlang der Sehachse kleiner als die Eingangspupille ist (2). Gleichzeitig errechneten sie, dass die von den peripheren Objekten ausgehenden schrägen Lichtstrahlen eine effektive Zone erfordern, die von den heutigen refraktiven Eingriffen nicht geleistet werden kann (2).

Also welche Zonen sollte man dann wählen? Wie die obigen Ausführungen zeigen, besteht gegenwärtig kein Konsens darüber, da das Problem offensichtlich multifaktoriell ist. Die zu wählende Zone hängt einerseits von der Höhe der myopen Korrektur (denn die effektive optische Zone verkleinert sich mit der zunehmenden Korrektur), andererseits von der Übergangszone des benutzten Excimer-Lasers ab. Die skotopische Pupille für sich alleine ist nicht mehr das ausschließliche Kriterium für die Auswahl der Ablationszone. Man ist aber immer noch auf der sicheren Seite, wenn die effektive postoperative optische Zone die skotopische Pupille abdeckt. In den Fällen mit einer ungenügenden Hornhautdicke erscheint die 6,5 mm-Ablationszone eines modernen *flying spot*-Excimer-Lasers mit einer großen Übergangszone einen vertretbaren Kompromiss darzustellen (3). Die neuen, prolaten Profile, die gerade den Markt erobern, können auch diese Überlegungen in Kürze in Frage stellen.

Zusammenfassend lässt sich feststellen, dass die Messung der skotopischen Pupille mit einem digitalen binokularen dynamischen Infrarot-Pupillometer aus der heutigen Sicht die zuverlässigste Messmethode darstellt. Aufgrund der hohen Anschaffungskosten wird das Gerät in hoch frequentierten Zentren angesiedelt bleiben. Eine günstigere Methode mit vertretbarer Messqualität bieten sowohl das Colvard-Pupillometer als auch die Spaltlampentests. Bei den letzteren soll mit einer kurzen Lernkurve gerechnet werden. Obwohl eine strikte Anpassung der Ablationszone an die skotopische Pupille nicht zwingend ist, ist die Berücksichtigung der effektiven optischen Zone im Vergleich zur skotopischen Pupille nach wie vor sinnvoll.

Literatur

1. Colvard M. Preoperative measurement of scotopic pupil dilation using an office pupillometer. J Cataract Refract Surg 1998; 24: 1594-1597

2. Freedman KA, Brown SM, Mathews SM, Young RS. Pupil size and the ablation zone in laser refractive surge-

ry: considerations based on geometric optics. J Cataract Refract Surg 2003;29:1924-31

3. Hardten DR in Kohnen T (Ed) Consultation section J Cataract Refract Surg 2004; 30:947-948

4. Haw WW, Manche EE. Effect of preoperative pupil measurements on glare, halos, and visual function after photoastigmatic refractive keratectomy. J Cataract Refract Surg 2001; 27:907-916

5. Kohnen T, Terzi E, Bühren J, Kohnen EM. Comparison of a digital and a handheld infrared pupillometer for determining scotopic pupil diameter. J Cataract Refract Surg 2003;29:112-7

6. Lee Y-C, Hu F-R, Wang I-J. Quality of vision after laser in situ keratomileusis. Influence of dioptric correction and pupil size on visual function. J Cataract Refract Surg 2003; 29:769-777

7. Loewenfeld IE. The Pupil: Anatomy, Physiology, and Clinical Applications. Ames, IA, Iowa State University Press, 1993

8. O'Brart DP, Corbett MC, Verma S, et al. The effects of ablation diameter, on the outcome of excimer laser photorefractive keratectomy: a prospective, randomised, double-blind study. Arch Ophthalmol 1995; 113:4438-443. J Refract Surg 1996;12:50-60

9. O'Brart DP, Corbett MC, Lohmann CP, et al. Effects of ablation diameter, depth, and edge contour on the outcome of photorefractive keratectomy. Arch Ophthalmol 1995; 113:438-443

10. Pop M, Payette Y. Risk factors for night vision complaints after LASIK for myopia. Ophthalmology 2004; 111:3-10

11. Pop M, Payette Y, Santoriello E. Comparison of the pupil card and pupillometer in measuring pupil size. J Cataract Refract Surg 2002; 28:283-288

12. Rosen ES, Gore CL, Taylor D, Chitkara D, Howes F, Kowalewski E. Use of a digital infrared pupillometer to assess patient suitability for refractive surgery. J Cataract Refract Surg 2002; 28:1433-1438

13. Schallhorn SC, Kaupp SE, Tanzer DJ, et al. Pupil size and quality of vision after Lasik. Ophthalmology 2003; 110:1606-1614

14. Schmitz S, Krummenauer F, Henn S, Dick HB. Comparison of three different technologies for pupil diameter measurement. Graefes Arch Clin Exp Ophthalmol 2003; 241:472-477

15. Sekundo W, Nietgen G, Schmidt JC. Vermessung der skotopischen Pupille: ein Vergleich zwischen dem Pupillometer nach Colvard und der Spaltlampenmessung mit dem grünen Licht. Ophthalmologe 2003;100:815-818

16. Stark T, Liu Y, Prewett AL, Curup LG. Comparison of scotopic pupil measurement with slit-lamp-based cobalt blue light and infrared video-based system. J Cataract Refract Surg 2002; 28:1952-1956

17. Wachler BBS. Effect of pupil size on visual function under monocular and binocular conditions in Lasik and non-Lasik patients. J Cataract Refract Surg 2003; 29:275-278

5.2. Hornhauttopographie: Historischer Rückblick, klinische Bedeutung und aktuelle Systeme

Die Untersuchung der Hornhauttopographie ist in vielen Bereichen der Augenheilkunde unerlässlich. Genaue Daten werden nicht nur für die Diagnosestellung sowie Dokumentation vieler Erkrankungen der Cornea (zum Beispiel Keratokonus, Dystrophien, Narben bzw. Erosiones) benötigt, sondern ermöglichen auch die Planung, Durchführung sowie postoperative Verlaufskontrollen zahlreicher operativer Eingriffe. Vor allem im Rahmen refraktiv-chirurgischer Behandlungen, die heutzutage immer häufiger durchgeführt werden, müssen die individuellen Werte von Hornhautkrümmung, -dicke sowie -durchmesser exakt bestimmt werden, um eine bestmögliche Refraktionskorrektur zu erreichen und gleichzeitig die Hornhautstabilität nicht zu gefährden.

5.2.1. Historischer Rückblick

Die topographischen Eigenschaften der Hornhaut quantitativ und qualitativ zu untersuchen und zu beschreiben, ist seit mehreren Jahrhunderten von speziellem Interesse in der Ophthalmologie. Die älteste Methode nutzt die Eigenschaft der vorderen Hornhautfläche, Bilder, Linien, Quadrate sowie konzentrische Ringe wie ein Spiegel zu reflektieren, um daraus auf die Topographie der Hornhaut rückzuschließen. Schon 1619 wurde dies von Scheiner genutzt, um die Krümmung der Hornhaut mit Hilfe von Gläsern mit reflektierenden Kreisen unterschiedlicher Radien zu bestimmen (1).

Um 1820 beschrieb dann der französische Augenarzt Ferdinand Cuignet seine Methode der "Keratoskopie". Hierbei wurde Licht auf einen Gegenstand gerichtet, der vor das Auge des Patienten gehalten wurde. Die Schwierigkeit dieser Methode lag in der genauen Ausrichtung von Patient, Untersucher, Gegenstand sowie Lichtquelle, um das

Abbild des Gegenstandes genau in die Sehachse des Patienten zu zentrieren (2).

1880 entwickelte A. Placido einen Zielgegenstand für die Keratoskopie, der heute noch verwendet wird. Es handelte sich um eine Scheibe mit abwechselnd schwarzen und weißen Ringen. Die Scheibe hatte in der Mitte ein Loch, durch das der Untersucher die Hornhaut des Patienten betrachten konnte. Dadurch wurde die Ausrichtung und Zentrierung des Zielgegenstandes auf die Sehachse des Patienten enorm verbessert, und Veränderungen der topographischen Eigenschaften der Cornea konnten durch eine Abweichung der Ringform oder deren konzentrische Anordnung festgestellt werden.

Ein Problem lag aber immer noch in der Unmöglichkeit der Vergrößerung der Abbildungen, wodurch kleinere Veränderungen der Hornhauttopographie nicht detektierbar waren (2). Dieses Problem der Vergrößerung wurde von E. Javal in den darauf folgenden Jahren diskutiert. Er war ein Pionier in der Entwicklung des Keratometers, das zum ersten Mal von Hermann Helmholtz beschrieben wurde, und dessen praktische Anwendung später von Javal und anderen verbessert wurde (2).

Mit dem Keratometer war es möglich, nun auch die Krümmung der Hornhaut zu messen, da die Hornhautvorderfläche einem konvexen Spiegel ähnelt, der Licht reflektiert. Mit dem Keratometer wurde die Größe der reflektierten Bilder bestimmt und dadurch der Radius der Hornhautkrümmung festgestellt.

Die Keratometrie ist jedoch limitiert durch die Annahme, dass die Cornea eine sphärisch-zylindrische Oberfläche besitzt mit nur einem Krümmungsradius in jedem Meridian, wobei sich die größte und kleinste Achse genau um 90° unterscheiden. Zusätzlich können nur vier Punkte, die 3 mm voneinander entfernt sind, gemessen werden. Daher fehlt die Information im Zentrum sowie in der Peripherie der Hornhaut.

Gullstrand war der erste, der die Keratoskopie mit der Photographie kombinierte, was als Keratographie bezeichnet wurde. Die reflektierten weißen Ringe der Placidoscheibe wurden photographiert und beurteilt. Je näher die Linien beieinander lagen, desto steiler war die Hornhaut. Je weiter deren Entfernung zueinander betrug, desto flacher war die Hornhautoberfläche. Ein Astigmatismus veränderte die runde Form der Kreise zu einer Ellipse (2).

Im 20. Jahrhundert wurden viele Versuche unternommen, Methoden zur quantitativen Analyse von Keratographiebildern zu entwickeln. Jüngste Entwicklungen bei den Kontaktlinsen und der refraktiven Chirurgie führten dazu, dass die Beurteilung der gesamten Hornhaut immer mehr an Bedeutung gewann. Mit Hilfe der Computertechnologie wurde es möglich, die Lage von einer Vielzahl von Punkten auf der Hornhaut genau zu bestimmen und digitale Topographiebilder zu erstellen und zu speichern.

5.2.2. Topographie der gesunden Hornhaut

Normalerweise ist die gesunde Hornhaut asphärisch und flacht sich zur Peripherie hin ab. Darüber hinaus kommt es nasal zu einer stärkeren Abflachung, wodurch eine Asymmetrie entsteht (3).

Die Brechkraft der Hornhaut setzt sich aus der vorderen und hinteren Krümmung zusammen. Die Brechkraft der vorderen Oberfläche beträgt bei gesunden Hornhäuten ca. 49 dpt, die der hinteren Fläche -6 dpt. Daraus ergibt sich eine Differenz von insgesamt 43 dpt im Durchschnitt.

Die Hornhautdicke ist zentral am geringsten und beträgt ca. 560 µm. Zur Peripherie hin nimmt die Dicke auf durchschnittlich 640 µm zu. Die dünnste Stelle (550 µm im Durchschnitt) liegt etwa 0,9 mm von der Sehachse entfernt, überwiegend im inferotemporalen Quadranten der Hornhaut (4).

Der horizontale und vertikale Durchmesser der Hornhaut beträgt durchschnittlich 12,6 bzw. 11,7 mm und der mittlere Krümmungsradius 7,8 mm (5).

5.2.3. Klinische Anwendung topographischer Messungen

5.2.3.1. Präoperative Screeninguntersuchungen

Ein refraktiv-chirurgischer Eingriff stellt eine der Hauptindikationen für die Hornhauttopographie dar (6). Mit der Einführung des Excimer-Lasers wurden genaue Änderungen der Hornhautoberfläche möglich, welche jedoch detaillierte und exakte Messungen der Hornhauttopographie voraussetzen, damit einerseits die gewünschte Zielrefraktion für den Patienten erreicht wird und gleichzeitig die Stabilität der Cornea erhalten bleibt. Patienten mit einem Keratokonus oder einem irregulärem Astigmatismus sollten nicht einem solchen Eingriff unterzogen werden, da die Ergebnisse unvorhersehbar sind und auch Komplikationen vermehrt auftreten können (7).

Mit Hilfe der Hornhauttopographie können solche Patienten schnell und einfach detektiert werden, bei denen ein Keratokonus vorliegt. Die Untersuchung ermöglicht dabei nicht nur dessen Diagnosestellung durch das Aufzeigen geringer Veränderungen, wie eine Abnahme der Hornhautdicke, eine Zunahme der vorderen oder auch hinteren Hornhautoberfläche sowie der Hornhautbrechkraft, sondern dient auch der Progressionsbeurteilung durch Verlaufskontrollen (8).

Einige Hornhauttopographiegeräte, wie der *IOLMaster* (Carl Zeiss Jena GmbH, Deutschland) oder das Orbscan II-System (Bausch & Lomb, Rochester, NY, USA), sind zusätzlich auch in der Lage die Vorderkammmertiefe zu berechnen. Die exakte Messung dieses Parameters ist Voraussetzung für die Durchführung refraktiver Eingriffe, wie die Implantation von phaken Intraokularlinsen zur Korrektur von Myopie oder auch Hyperopie (9-11). Hierbei ist die Vorderkammertiefe nicht nur für die Linsenberechnung von Bedeutung, sondern insbesondere auch zum Schutz des Hornhautendothels vor einer möglichen Schädigung durch Vorderkammerlinsen (12, 13).

5.2.3.2. Einsatz der Hornhauttopographie während operativer Eingriffe

Heutzutage ist es möglich, bestimmte Hornhauttopographiegeräte mit einem Excimer-Laser zu verbinden, um topographiegesteuert refraktivchirurgische Behandlungen durchzuführen (Tab. 5.2). Dies kann sowohl bei der PRK als auch bei der LASIK genutzt werden (14-17).

5.2.3.3. Evaluierung postoperativer Änderungen der Hornhauttopographie

Nach operativen Eingriffen am Auge werden hornhauttopographische Untersuchungen durchgeführt, um durch Verlaufskontrollen frühzeitig Veränderungen zu erkennen und wenn möglich mit geeigneten Behandlungsformen einzugreifen. Ziel ist es die Stabilität der Cornea und damit auch deren physiologische Funktion zu gewährleisten. Nach refraktiv-chirurgischen Operationen werden topographische Untersuchungen der Hornhaut durchgeführt, um Formveränderungen der Cornea zu registrieren und dadurch visuelle Beschwerden der Patienten besser verstehen zu können (18). Nach LASIK-Behandlungen wurde von einigen Autoren eine corneale Ektasie beschrieben. Diese Änderung der Hornhautkrümmung ist mit einem Stabilitäts- sowie Elastizitätsverlust verbunden. Nach Durchführung von PRKs kam es durch persistierende narbenartige Veränderungen der Hornhautoberfläche zu einem Visusverlust und Doppelbildern kommen. Nach RKs wurden Visusschwankungen und eine Zunahme der Hornhautkrümmung beobachtet (19).

Nach einer Kataraktoperation kann die Hornhauttopographie dazu genutzt werden, um den Effekt der Inzisionslage und -größe bzw. deren Langzeitstabilität besser beurteilen zu können (20). Nachdem auch immer mehr Patienten mit einer vorausgegangenen refraktiven Behandlung der Hornhaut zu eine Kataraktoperation in die Kliniken kommen, ist es nötig, mit Hilfe topographischer Messungen und hierfür neu entwickelter Programme die benötigte Stärke der Intraokularlinse (IOL) exakt zu berechnen. Herkömmliche Berechnungsformeln können aufgrund der veränderten Hornhautoberfläche nicht mehr zur Bestimmung der IOL herangezogen werden (21).

Auch nach einer penetrierenden Keratoplastik kann die Hornhauttopographie helfen, die visuellen Fähigkeiten des Patienten zu verbessern und zu stabilisieren. Dies gelingt zum Beispiel durch das Setzen von Entlastungsschnitten bei Vorliegen eines starken postoperativen Astigmatismus (22).

5.2.3.4. Weitere Anwendungen der Hornhauttopographie in der Ophthalmologie

Für die exakte Anpassung von Kontaktlinsen sind Untersuchungen der Hornhauttopographie unerlässlich. Vor allem bei Patienten mit irregulärem Astigmatismus, aber auch für die Linsenauswahl für Keratokonuspatienten oder nach operativen Eingriffen, wie der penetrierenden Keratoplastik oder RK, werden Topographiemessungen durchgeführt.

Die Hornhauttopographie ist darüberhinaus sehr nützlich zur Beurteilung von Patienten mit unerklärbarem Visusverlust sowie zur Diagnosestellung und Dokumentation von visuellen Komplikationen ausgelöst durch Hornhautdystrophien, -narben und -erosiones.

5.2.4. Aktuelle Systeme

Die heute verwendeten modernen Topographiegeräte können in drei Gruppen eingeteilt werden:

Auf Placidotechnologie basierende Systeme

Heutzutage stellen die placidobasierten Videokeratoskope die Mehrheit der in der Klinik verwendeten Geräte zur Beurteilung der Hornhauttopographie dar. Sie unterscheiden sich vor allem in der Art der Datenerhebung, -verarbeitung und -darstellung (23). Die Anzahl der Ringe, Ringdicke, -position und -farbe variieren von System zu System. Generell kann man zwischen Geräten mit einem kleinen und großen Messabstand unterscheiden (Tab. 5.1).

Diejenigen mit geringem Messabstand können einen größeren Teil der Hornhaut erfassen, benötigen für die Messung eine geringere Beleuchtung, sind aber störanfälliger auf Fokussierungsfehler. Die Systeme mit einem größeren Messabstand benötigen im Gegensatz dazu mehr Beleuchtung, stellen nur einen geringeren Hornhautanteil dar, sind aber dafür weniger anfällig, was Fokussierungsfehler des Patienten angeht.

In jüngster Zeit konnte jedoch durch Verbesserung der Placidoaufsätze, der Videokameras und Algorithmen der klinische Unterschied zwischen diesen beiden Systemtypen deutlich reduziert werden.

Auf Elevationsmessung basierende Systeme

Momentan gibt es zwei Systeme, die direkt die Erhebung der Hornhautvorderfläche messen. Wichtig ist hierfür die Verwendung eines dreidimensionalen Koordinatensystems. Krümmungsdaten werden dann direkt aus der Elevation berechnet.

Rasterphotogrammetrie

Das "PAR Corneal Topography System" projiziert ein Gitter auf die Hornhautoberfläche und registriert die Elevationsdaten durch die Verzerrung dieses Gitters. Für die Untersuchung und die Datenregistrierung ist die Applikation einer geringen Menge von Fluoreszein-Augentropfen unerlässlich. Das Fluoreszeingitter wird dann ausgehend von einem bestimmten Winkel photographiert und die Topographie der Hornhautoberfläche direkt aus der Abweichung zu einer Referenzebene durch die bekannte Geometrie des Gitters bestimmt. Aus den so gewonnenen Daten lassen sich dann auch noch die Krümmung sowie die Brechkraft der Hornhaut berechnen (25).

Spaltbild-System

Das Orbscan I Topographie-System benutzt einen spaltförmigen Lichtstrahl, um die Hornhautoberfläche scannerartig abzutasten (Scheimpflug-Technik) (Abb. 5.5). Das Orbscan II Topographiegerät stellt eine Kombination aus Spaltbild- und Placido-System dar. Ziel war es eine optimierte Messung der Hornhautkrümmung zu erreichen, da ein exzellenter Winkel zwischen den dreidimensionalen Datenpunkten berechnet werden kann. Durch die Kombination von zwei Messmethoden in einem Gerät ermöglicht es in einer Un-

	Ringe schwarz/weiß	Ringe farbig
Messabstand - klein	• Eye-Sys/Marco Vista • Keratron [Optikon 2000] • Tomey TMS • Tomey Auto Topographer	• TechnoMed C-Scan
Messabstand - groß	• Alcon Eye-Map EH-290 • Eye-Sys Corneal Analysis System - 2000 • Haag-Streit CTK 922 • Humphrey Atlas & Atlas Eclipse • Topcon KR-7000P (kombiniert mit Autorefraktometer)	

Tab. 5.1: Übersicht der auf Placidotechnologie basierenden Hornhauttopgraphiesysteme (modifiziert nach 24).

Gerät	Orbscan II (Bausch & Lomb)	Atlas CT 993, 995 (Humphrey Zeiss)	TMS-3 (Tomey)	C-Scan (TechnoMed)	Accugrid (PAR Vision Sys)	CLAS-1000 (Kera-Metrics)
Messmethode	Kombination aus Placido- und Spaltscansystem	Placido	Placido (31 Ringe)	Placido (farbig)	Rasterstereographie	Interferometrie (holographisch)
Refraktionsmessbereich	Jede Refraktion	Keine Information	9 bis 101,5 dpt	Keine Information	Keine Information	Keine Information
Anzahl der gemessenen Datenpunkte	Mehr als 20.000 Punkte über 11 mm	Keine Information	7.936; 0,19 mm vom Zentrum bis 11,5 mm im Durchmesser	30 Placidoringe; 10.800 bis 12.240 Punkte; 10 bis 12 mm im Durchmesser	3.000 Punkte; 18 mm im Durchmesser	1,5 Millionen, 11,5 mm im Durchmesser
Dauer der Datenauswertung und -darstellung	5-26 s	Keine Information	33 ms Untersuchung, 3 s Berechnung	1/60 s	1/30 s	0,3 s Untersuchung, 15 s Berechnung
Datenpräsentation	Erhebung und Krümmung von HH-Vorder-/-Hinterfläche, Pachymetrie, Sim Ks, VK, Pupillen-/HH-Durchmesser	Keine Information	Mehrere HH-Karten gleichzeitig dargestellt: axial, radial, tangential, sagittal, mit unterschiedlichen Skalen	HH-Karten mit Elevation, Keratometrie (sph., axial, refraktiv); 3D-Karten	Mehrere HH-Karten mit Elevation, Keratometrie (sphärisch, axial, refraktiv); 3D-Karten	Mehrere HH-Karten mit Elevation, Keratometrie (sphärisch, axial, refraktiv); 3D-Karten
Software Kontaktlinsenanpassung	Ja	Ja	Ja	Ja	Ja	Ja
Software Keratokonusdetektion	Manuell	Ja	Ja	Ja	Nein	Nein
Verbindung zu einem Excimer-Laser möglich	Ja (Zyoptix = Orbscan IIZ & Zywave mit B & L Technolas 217z und 217z100)	Keine direkte Verbindung	Ja (mit Aesclepion MEL 70)	Nein	Nein	Nein

Tab. 5.2: Detaillierte Darstellung einzelner Hornhauttopographiesysteme (modifiziert nach 28).

tersuchung die Beurteilung der vorderen und hinteren Hornhautfläche einschließlich Erhebung und Krümmung sowie Strukturen des Auges, wie Iris- und Linsenoberfläche. Zusätzlich wird aus der Entfernung zwischen Hornhautvorder- und -rückfläche die Pachymetrie und zwischen Hornhaut und Linsenvorderfläche die Vorderkammertiefe berechnet (26, 27). Zusätzlich erhält man Informationen über den Durchmesser der Hornhaut ("*white-to-white*"), den Pupillendurchmesser, die dünnste Stelle der Hornhaut sowie Dioptrienwerte der Hornhaut. Daraus resultiert ein breites klinisches Anwendungsspektrum (Keratokonus, refraktive Chirurgie, Glaukomscreening, Kontaktlinsenanpassung, IOL-Berechnung) (8, 14).

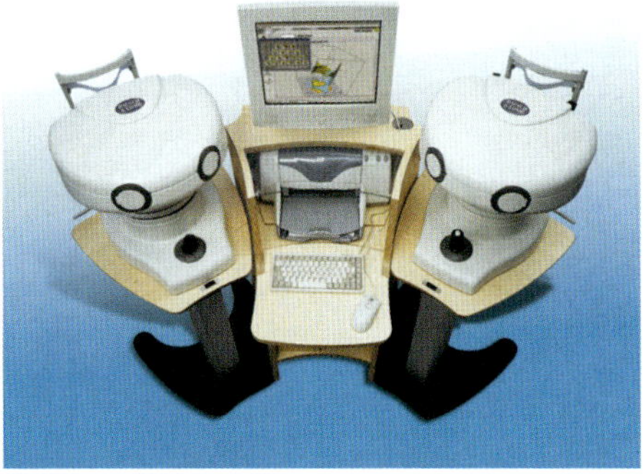

Abb. 5.5: Zyoptix Diagnostic Workstation (Bausch & Lomb).

Interferometrische Systeme

Das "KeraMetrics Corneal Laser Analysis System 1000" verwendet die Methode der Interferometrie, um das Störungsmuster zweier auf die Hornhautoberfläche projizierter Wellenfronten aufzunehmen. Obwohl dieses System schon seit Jahren auf dem Markt erhältlich ist, existieren nur wenige beurteilende Untersuchungen, und seine Anwendung im klinischen Alltag hat sich noch nicht durchgesetzt (24).

In Tab. 5.2 ist eine Auswahl dieser Systeme detailliert und vergleichend dargestellt.

Literatur

1. Schultze RL (1998). Accuracy of corneal elevation with four corneal topography systems. J Refract Surg 14: 100-104

2. Reynolds AE (1992). Introduction: History of corneal measurement, vii-x. In: Schanzlin DJ, Robin JB. Corneal topography, measuring and modifying the cornea. Springer-Verlag New York Inc.

3. Arffa RC (1992). Clinical uses of corneal topography analysis. Curr Opin Ophthalmol 3: 71-77

4. Liu Z, Huang AJ, Pflugfelder SC (1999). Evaluation of corneal thickness and topography in normal eyes using the Orbscan corneal topography system. Br J Ophthalmol 83: 774-778

5. Klyce SD, Beuerman RW (1988). Structure and function of the cornea, 3-54. In: Kaufman EH, Barron BA, McDonald MB, Waltman SR (Eds): The cornea. 1. Aufl. Churchill Livingstone, New York, USA

6. Wilson SE, Klyce SD (1994). Screening for corneal topographic abnormalities before refractive surgery. Ophthalmology 101: 147-152

7. Nesburn AB, Bahri S, Salz J, Rabinowitz YS, Maguen E, Hofbauer J, Berlin M, Macy JI (1995). Keratoconus detected by videokeratography in candidates for photorefractive keratectomy. J Refract Surg 11: 194-201

8. Auffarth GU, Wang L, Völcker HE (2000). Keratoconus evaluation using the Orbscan Topography System. J Cataract Refract Surg 26: 222-228

9. Baikoff G, Arne JL, Bokobza Y, Colin J, George JL, Lagoutte F, Lesure P, Montard M, Saragoussi JJ, Secheyron P (1998). Angle-fixated anterior chamber phakic intraocular lens for myopia of -7 to -19 diopters. J Refract Surg 14: 282-293

10. Fechner PU, Singh D, Wulff K (1998). Iris-claw lens in phakic eyes to correct hyperopia: preliminary study. J Cataract Refract Surg 24: 48-56

11. Rosen E, Gore C (1998). Staar Collamer posterior chamber phakic intraocular lens to correct myopia and hyperopia. J Cataract Refract Surg 24: 596-606

12. Mimouni F, Colin J, Koffi V, Bonnet P (1991). Damage to the corneal endothelium from anterior chamber intraocular lenses in phakic myopic eyes. Refract Corneal Surg 7: 277-281

13. Pop M, Mansour M, Payette Y (1999). Ultrasound biomicroscopy of the iris-claw phakic intraocular lens for high myopia. J Refract Surg 15: 632-635

14. Knorz MC, Neuhann T (2000). Treatment of myopia and myopic astigmatism by customized laser in situ keratomileusis based on corneal topography. Ophthalmology 107: 2072-2076

15. Dausch D, Schroder E, Dausch S (2000). Topography-controlled excimer laser photorefractive keratectomy. J Refract Surg 16: 13-22

16. Alessio G, Boscia F, La Tegola MG, Sbornia C (2000). Topography-driven photorefractive keratectomy: re-

sults of corneal interactive programmed topographic ablation software. Ophthalmology 107: 1578-1587

17. Alessio G, Boscia F, La Tegola MG, Sbornia C (2001). Corneal interactive programmed topographic ablation customized photorefractive keratectomy for correction of postkeratoplasty astigmatism. Ophthalmology 108: 2029-2037

18. Hersh PS, Scher KS, Irani R (1998). Corneal topography of photorefractive keratectomy versus laser in situ keratomileusis. Summit PRK-LASIK Study Group. Ophthalmology 105: 612-619

19. Rao SK, Padmanabhan P (2000). Understanding corneal topography. Curr Opin Ophthalmol 11: 248-259

20. Mafra CH, Dave AS, Pilai CT, Klyce SD, Wilson SE (1996). Prospective study of corneal topographic changes produced by extracapsular cataract surgery. Cornea 15: 196-203

21. Celikkol L, Pavlopoulos G, Weinstein B, Celikkol G, Feldman ST (1995). Calculation of intraocular lens power after radial keratotomy with computerized videokeratography. Am J Ophthalmol 120: 739-750

22. Koffler BH, Smith VM (1996). Corneal topography, arcuate keratotomy, and compression sutures for astigmatism after penetrating keratoplasty. J Refract Surg 12: 306-309

23. Belin MW, Ratliff CD (1996). Evaluating data acquisition and smoothing functions of currently available videokeratoscopes. J Cataract Refract Surg 22: 421-426

24. American Academy of Ophthalmology (1999). Corneal topography. Ophthalmology 106: 1628-1638

25. Belin MW, Litoff D, Strods SJ, Winn SS, Smith RS (1992). The PAR technology corneal topography system. Refract Corneal Surg 8: 88-96

26. Auffarth GU, Tetz MR, Biazid Y, Völcker HE (1997). Measuring anterior chamber depth with Orbscan Topography System. J Cataract Refract Surg 23: 1351-1355

27. Rabsilber TM, Becker KA, Frisch IB, Auffarth GU (2003). Anterior chamber depth in relation to refractive status measured with the Orbscan II Topography System. J Cataract Refract Surg 29(11):2115-21.

28. Wilson ED (2002). A guide to wavefront devices and corneal topographers. EyeWorld 7:20-21

5.3. Refraktive Chirurgie und optische Biometrie

Die Ansprüche an die Sehqualität nach Kataraktoperation oder nach einem refraktiven Eingriff sind in den letzten Jahren gestiegen. Schonende mikrochirurgische Operationstechniken, moderne Intraokularlinsen, neue Designs und Materialien, verbesserte Berechnungsformeln und präzisere Messtechniken haben dazu beigetragen. Eine besondere Rolle spielte die Entwicklung der optischen Biometrie, die 1999 in Form des *Zeiss IOLMaster* klinisch verfügbar wurde und die sich seitdem als Alternative zur bis dahin ausschließlich genutzten Ultraschallbiometrie etabliert hat.

Das der optischen Biometrie zugrunde liegende Prinzip, die sog. Teilkohärenzinterferometrie (*partial coherence interferometry* - PCI), geht auf den Wiener Physiker A. F. Fercher zurück, dem in den 80er Jahren des letzten Jahrhunderts die ersten optischen Längenmessungen menschlicher Augen *in vivo* gelangen (5, 6). Seit 1997 ist unser Labor (Biometrie-Labor der Univ.-Augenklinik Würzburg) in die Entwicklung und klinische Umsetzung der Laserinterferenzbiometrie mit eingebunden (8, 11, 12). Bislang ist der *IOLMaster* abgesehen von zwei PCI-Pachymetern das einzige kommerziell verfügbare Biometriegerät mit dieser Technologie.

Zur Achsenlängenmessung werden im *IOLMaster* zwei koaxiale, gegeneinander definiert verzögerbare Teilstrahlen kurzkohärenten Lichts erzeugt und ins Auge eingestrahlt. Abhängig von der sehr genau messbaren Verzögerung kommt es zur Interferenz von Lichtanteilen, die an verschiedenen Stellen des Auges gestreut oder reflektiert wurden. Die Messwellenlänge von 780 nm im nahen Infrarot bietet einen sichtbaren Fixationsreiz, so dass die Messung entlang der Sehachse erfolgt. Neben offensichtlichen, in der kontaktlosen optischen Messmethode liegenden Vorteilen begründet diese Messrichtung einen weiteren Vorzug gegenüber der Ultraschallbiometrie: Während das akustische Ergebnis, vor allem bei hohen Myopien, durch ein Staphylom verfälscht sein kann, wird optisch in der "richtigen" Richtung gemessen, wobei die stärksten Messsignale von der Hornhaut und vom retinalen Pigmentepithel ausgehen. Da die von der Sehachse schräg angeschnittenen Linsenflächen nicht genügend Energie rückstreuen, kann mit dem *IOLMaster* - im Gegensatz zur Ultraschallbiometrie - keine segmentweise Achsenlängenmessung durchgeführt werden. Dies ist erst seit kurzem mit einem neuen Mitglied der *IOLMaster*-Familie, dem *Zeiss ACMaster*, möglich (vgl. Abb. 5.10).

Eine typische optische Achsenlängenmessung zeigt Abb 5.6. Die angezeigten Messwerte sind geräteintern so umgerechnet, als ob sie von einem hochpräzisen Ultraschallimmersionssystem stammten. Ersichtlich ist die hohe Reproduzierbarkeit der optisch gemessenen Achsenlängen, wofür ein Wert von 23±15 µm bestimmt wurde (8, 9). Darüber hinaus sind die Messergebnisse in hohem Maße untersucherunabhängig, wie in mehreren Studien gezeigt wurde (11, 23). So lagen Intra- und Inter-Untersucher-Variabilitäten typischerweise zwischen 11 und 12 µm (11).

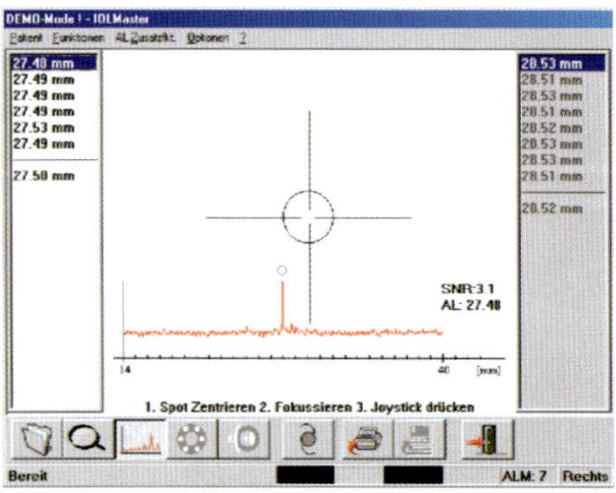

Abb. 5.6: Optische Achsenlängenmessung mit dem *Zeiss IOLMaster* ; man beachte die hohe Reproduzierbakeit der Messwerte für das linke und rechte Auge.

Für eine hohe Treffsicherheit bei der Erreichung des postoperativen Refraktionsziels, wie sie insbesondere für refraktive Eingriffe gefordert wird, ist eine optimierte Messumgebung nötig, die sich zur Vermeidung systematischer Fehler in personalisierten, individualisierten Konstanten für die Berechnung intraokularer Linsen (IOL) widerspiegelt. Da der *IOLMaster* als Kombinationsgerät alle für diese Aufgabe notwendigen Messmöglichkeiten (Keratometrie, Vorderkammertiefenmessung) in einem Instrument zusammenfasst, ist eine einmal vorgenommene Optimierung von allen Geräteanwendern gleichermaßen verwendbar. Der Optimierung von Linsenkonstanten hat sich die *User Group for Laser Interference Biometry (ULIB)* (22) angenommen; bis heute wurden über 7.900 Patientendatensätze ausgewertet und die Ergebnisse für 58 Linsentypen im Internet veröffentlicht:

http://www.augenklinik.uni-wuerzburg.de/ulib, 2004

Doch nicht nur diese hohe Mess- und Vorhersagegenauigkeit etwa bei der IOL-Berechnung für den refraktiven Linsenaustausch machen den *IOLMaster* für den Einsatz in der refraktiven Chirurgie interessant. So ist seit einiger Zeit durch ein Software-Upgrade die Messung des horizontalen cornealen Weiß-zu-Weiß-Durchmessers (WzW) sowie die Bestimmung der Position der Sehachse möglich. Abb. 5.7 zeigt das Bild eines hyperopen Auges, wie es von der Systemkamera des *IOLMaster* aufgenommen und hinsichtlich des WzW-Durchmessers sowie der Lagen von Pupillenmitte und Sehachse analysiert wurde.

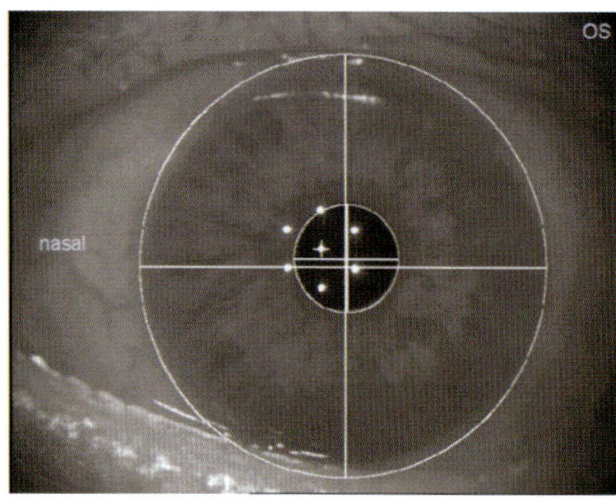

Abb. 5.7: Bild eines linken, hyperopen Auges, aufgenommen von der Systemkamera des *Zeiss IOLMaster*, mit Ergebnissen der Bildverarbeitung: Kreise markieren die identifizierten Konturen von Limbus und Pupille; deren Mittelpunkte sind gegeben durch die Schnittpunkte der horizontalen und vertikalen Durchmesser. Die Position des Fixierpünktchens (Sehachse) ist durch "+" im Zentrum des hexagonalen Reflexionsmusters der 6 LEDs veranschaulicht.

Der WzW-Durchmesser wird verwendet zur Abschätzung der Linsengröße von Vorderkammer- und sulkusbasierten Linsen, z.B. mit Hilfe der Daumenregel "IOL-Größe = WzW+1" (3, 14, 15, 19).

Zwar werden die meisten Linsen heute im Kapselsack implantiert, doch der verstärkte Einsatz von phaken Hinterkammerlinsen hat das Interesse erneut auf eine exakte Bestimmung des Sulkusdurchmessers und damit auf präzise Weiß-zu-Weiß-Messungen gelenkt. Neben der Risikoabschätzung in der Kataraktchirurgie (1) spielt der WzW-Durchmesser auch eine Rolle bei der Verbesserung der IOL-Berechnung: So geht diese Größe bei verschiedenen Formelautoren (7, 18) und Computerprogrammen (z.B. Holladay IOL Consultant [16]) direkt in die Berechnung der postoperativen IOL-Position ein. Außerhalb der refraktiven Chirurgie wird der WzW-Durchmesser z.B. in der Glaukomdiagnostik eingesetzt (4, 17, 24) oder zur Patientenselektion bei der hyperopen LASIK (20).

Die Position der Sehachse ist natürlich für die corneorefraktive Chirurgie von großer Bedeutung (21). In Abb. 5.8. sind die akkumulierten Häufigkeiten für den Abstand zwischen Sehachse und Pupillenmitte für 1.203 Augen dargestellt (10). Danach ist die Sehachse in mehr als 50 % weiter als 0,3 mm von der Pupillenmitte entfernt. Um diese Achse muss die "neue" optische Zone durch geeignete refraktive Prozeduren zentriert werden. Das Gleiche gilt für die Zentrierung z.B. einer phaken Linse.

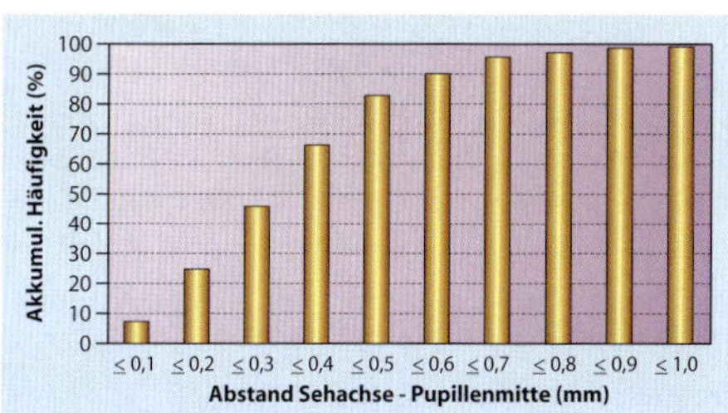

Abb. 5.8: Akkumulierte Häufigkeiten für den Abstand zwischen Sehachse und Pupillenmitte für n = 1.203 Augen (10).

Während sich die Bestimmung der Sehachsenposition im *IOLMaster* im Wesentlichen an die refraktive Chirurgie wendet, so gibt es auch andere ophthalmologische Anwendungen mit Interesse für diese Position, z.B. im Strabismusscreeing (2). Und natürlich müssen nicht nur corneale optische Zonen korrekt zentriert sein, sondern etwa auch Brillengläser.

Zur Behandlung hoher Ametropien, bei denen ein corneorefraktiver Eingriff nicht mehr indiziert ist, werden heute zunehmend phake Linsen eingesetzt. Hierzu gehören z.B. irisgetragene Linsen (*Ophtec, AMO*) oder so genannte intraokulare Kontaktlinsen (*Staar*). Im Gegensatz zum Austausch der kristallinen Linse wird zur Berechnung phaker IOLs keine Achsenlängenmessung benötigt, sondern stattdessen eine präzise Bestimmung von Vorderkammertiefe und Refraktion. Der *IOLMaster* erlaubt zwar keine Laserinterferenzmessung der Vorderkammertiefe; mit seinem Spaltbildverfahren sind indes entsprechende Messungen mit einer Präzision von 30-40 μm möglich (11). Abb. 5.9 zeigt ein von der Fa. *AMO* vertriebenes Computerprogramm zur Berechnung ihrer phaken irisgetragenen Linsen (*AMO VeriSyse*) mit Übernahmemöglichkeit von Messdaten aus dem *IOLMaster*.

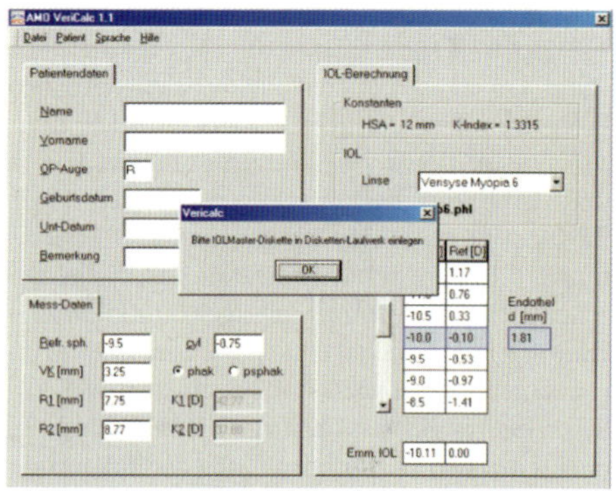

Abb. 5.9: Programm *AMO VeriCalc* mit Übernahmemöglichkeit von Daten aus dem *Zeiss IOLMaster* zur Berechnung phaker Linsen (*AMO VeriSyse*).

Die - wie schon erwähnt - mit dem *IOLMaster* nicht möglichen segmentweisen Laserinterferenzmessungen können nun mit einem in Kürze verfügbaren speziellen Biometriegerät für den Vorderabschnitt (*Zeiss ACMaster*) durchgeführt werden. Möglich wird dies durch eine hardwaremäßige Trennung von Mess- und Fixierachse, wodurch entlang der optischen Augenachse gemessen werden kann. Der dabei günstigere Auftreffwinkel auf die okulären Grenzflächen erlaubt die Darstellung von Interferenzen aus dem vorderen Augenabschnitt. Die erreichbaren Genauigkeiten liegen - je nach Grenzfläche - zwischen 2 und 8 μm. Abb. 5.10 zeigt eine solche Laserinterferenzmessung des Vorderabschnitts eines hyperopen Auges mit einer irisgetragenen phaken Linse unter Verwendung eines Prototyps des *ACMaster*.

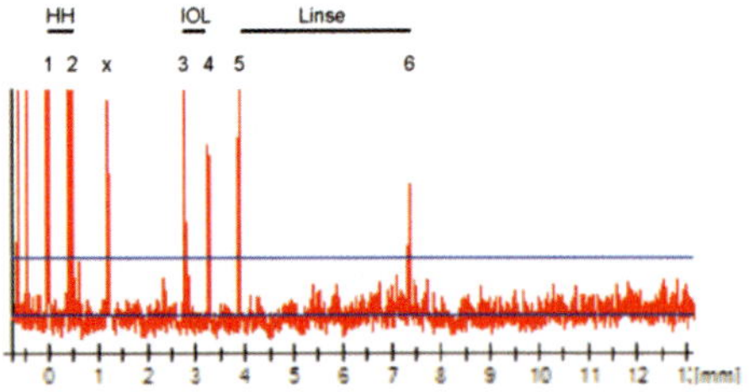

Abb. 5.10: Laserinterferenzmessung des Vorderabschnitts eines Auges mit einer irisgetragenen phaken hyperopen *Ophtec Artisan*-Linse (mit freundlicher Genehmigung von Dr. B. Lege, München) unter Verwendung eines Prototyps des *Zeiss ACMaster.* 1-2: Hornhautdicke; x: Artefakt der Laserdiode; 3-4: *Artisan*-Linse; 5-6: kristalline Linse (13).

Diese neuen Messmöglichkeiten der optischen Biometrie erlauben nicht nur hoch genaue Messungen der Vorderkammertiefe phaker Linsen und damit eine Verbesserung der Berechnungsmöglichkeiten solcher Linsen, sondern darüber hinaus z.B. eine präzise Bestimmung physiologischer Distanzänderungen infolge von Akkommodationsreizen bei phaken wie pseudophaken Augen. Solche Messungen sind für ein zentrales Anliegen der refraktiven Chirurgie, der vollständigen oder teilweisen Wiederherstellung der Akkommodationsfähigkeit, von großer Bedeutung.

Literatur

1. Auffarth GU, Blum M, Faller U, Tetz MR, Völcker HE: Relative anterior microphthalmos: morphometric analysis and its implications for cataract surgery. Ophthalmology 107(8): 1555-1560, 2000

2. Barry JC, Effert R, Kaupp A: Objective measurement of small angles of strabismus in infants and children with photographic Purkinje refelction pattern evaluation. Ophthalmology 99: 320-328, 1992

3. Broggi, R J: White-to-white measurements. Am Intra-Ocular Implant Soc J 6 (3): 275-275, 1980

4. Dietlein TS, Jacobi PC, Krieglstein GK: Assessment of diagnostic criteria in management of infantile glaucoma. An analysis of tonometry, optic disc cup, corneal diameter and axial length. Internat Ophthalmol 20: 21-27, 1996

5. Fercher AF, Roth E: Ophthalmic laser interferometer. Proc SPIE 658,48-51, 1986

6. Fercher AF, Mengedoht K, Werner W: Eye length measurement by interferometry with partially coherent light. Optics Lett 13:186, 1988

7. Fyodorov SN, Galin MA, Linksz A : Calculation of the optical power of intraocular lenses. Invest Ophthal Vis Sci 14:625-633, 1975

8. Haigis W, Lege B, Miller N, Schneider B: Comparison of immersion ultrasound biometry and partial coherence interferometry for IOL calculation according to Haigis, Graefes Arch Clin Exp Ophthalmol 238:765-773, 2000

9. Haigis W, Lege BAM: Akustische und optische Biometrie im klinischen Einsatz. In: 14. Kongress der Deutschsprachigen Gesellschaft für Intraokularlinsen-Implantation und refraktive Chirurgie, 18.-19.02.2000, Luzern/Schweiz. M. Wenzel, T. Kohnen, B. Blumer (Hrsg.), Biermann-Verlag Köln, 73-78, 2000

10. Haigis W, Lege B: Bestimmung von Hornhautdurchmesser und Sehachsenposition mit dem Zeiss IOLMaster. Der Ophthalmologe 98 (13), Suppl.1, S52, 2001

11. Haigis W: Optical coherence biometry. In: Kohnen, T (ed): Modern Cataract Surgery. Dev. Ophthalmol, Basel, Karger 34:119-130, 2002

12. Haigis W: Optical biometry using partial coherence interferometry. In: Shammas HJ: Intraocular lens power calculations. Slack Inc, Thorofare, NJ, USA, pp 141-157, 2003

13. Haigis W: Biometrie des Vorderabschnittes. Klin Monatsbl Augenheilk 221, Suppl 1, 23, 2004

14. Hauff, W: Die Berechnung des Vorderkammerdurchmessers vor Implantation eines Pseudophakos. Wiener Klinische Wochenschrift. Supplementum, Volume 171: 1-19, 1987

15. Heslin, K B: Is "white-to-white" right ? Am Intra-Ocular Implant Soc J 5 (1): 50-51, 1979

16. Holladay JT: Holladay IOL Consultant. http://www.docholladay.com/iolprogram.html, 2002

17. Kiskis AA, Markowitz SN, Morin JD: Corneal diameter and axial length in congenital glaucoma. Canadian J Ophthalmol 20(3):93-97, 1985

18. Olsen T, Corydon L, Gimbel H: Intraocular lens power calculation with an improved anterior chamber depth prediction algorithm. J Cataract Refract Surg 21: 313-319, 1995

19. Pop M, Payette Y, Mansur M: Predicting sulcus size using ocular measurements. J Cataract Refract Surg 27: 1033-1038, 2001

20. Rosa DSA, Febbaro JL: Laser in situ keratomileusis for hyperopia. J Refract Surg 15(suppl): S212-S215, 1999

21. Seiler T: Zentrierung, in: Refraktive Chirurgie der Hornhaut (Seiler T, Hrsg.). Thieme-Verlag, Stuttgart, 50-54, 2000

22. User Group for Laser Interference Biometry (ULIB), http://www.augenklinik.uni-wuerzburg.de/ulib, 2004

23. Vogel A, Dick HB, Krummenauer F, Pfeiffer N: Reproduzierbarkeit der Messergebnisse bei der optischen Biometrie: Intra- und Interuntersucher-Variabilität. In: 14. Kongress der Deutschsprachigen Gesellschaft für Intraokularlinsen-Implantation und refraktive Chirurgie, 18.-19.02.2000, Luzern/Schweiz. M.Wenzel, T.Kohnen, B.Blumer (Hrsg.), Biermann-Verlag Köln, 85-91, 2000

24. Wallace DK, Plager DA: Corneal diameter in childhood aphakic glaucoma. J Pediatr Ophthalmol Strabismus 33(5):230-234, 1996

Medikamentöse Therapie bei refraktiver Laserchirurgie

6. Medikamentöse Therapie bei refraktiver Laserchirurgie

6.1. Perioperative Therapie bei LASIK

Die Applikation topischer Medikamente im Rahmen einer LASIK erstreckt sich sowohl auf den prä- als auch auf den intra- und postoperativen Zeitraum. Da den verwendeten Pharmaka in ihrer Wirkung zueinander sowie auch hinsichtlich auf ein gutes postoperatives Ergebnis sowohl therapeutische und prophylaktische als auch synergistisch und gegensätzliche Bedeutung zukommt, sollten alle bei einer LASIK verwendeten Pharmaka hinsichtlich ihres Wirkungsspektrums einer genauen Betrachtung unterzogen werden. Im Wesentlichen erstrecken sich die verwendeten Pharmaka auf folgende Wirkungsbereiche:

- Präoperative Phase: Lokalanästhetika, Konservierungsmittel
- Intraoperative Phase: Spüllösungen (z.B. BSS®, Ringer®)
- Postoperative Phase: Antibiotika, Steroide, Tränenersatzmittel

Abschließend sollen Therapieregime von LASIK-Komplikationen beleuchtet werden, die sich im Wesentlichen auf Infektionen im Flap- und Interfacebereich beziehen sowie auf die diffuse lamelläre Keratitis (DLK).

Präoperative Phase

Die hier wesentlich zur Anwendung kommenden Pharmaka sind topische Analgetika zur suffizienten Hornhautanalgesie. Aus der bekannt gewordenen epithelschädigenden Wirkung von sowohl Lokalanästhetika als auch der Konservierungsmittel (z.B. Benzalkoniumchlorid) ergibt sich die Notwendigkeit der Verwendung von unkonservierten Anästhetika (z.B. Conjuncain® EDO®) bei gleichzeitig möglichst minimaler Dosierung um das Risiko von Epithelschäden möglichst zu minimieren. Eine zu hohe Dosierung im Sinne einer mehrmaligen Applikation in einem längeren Zeitraum vor dem eigentlichen Eingriff würde ein erhöhtes Risiko von Epithelerosiones während des Flapschneidens durch das Mikrokeratom nach sich ziehen. In der Praxis sollten daher unkonservierte Anästhetika zum Einsatz kommen. Diese werden unmittelbar von dem operativen Beginn einmalig appliziert und in dem Moment, in dem der Patient unter dem Laser liegt, ein zweites Mal. Diese zweimalige Applikation hat sich *in praxi* als ausreichend für eine suffiziente intraoperative Analgesie der Corneaoberfläche erwiesen. Der von der Oberflächenanästhesie nicht berührte ziliare Schmerz während des Ansaugvorgangs des Keratoms wird von den Patienten in der Regel gut toleriert, besonders seit der Verwendung von Keratomen, die einen langsamen Druckaufbau gewährleisten. Unterstützend können kurzwirksame, oral applizierte Benzodiazepine o.ä. die analgetische Wirkung unterstützen.

Intraoperative Phase

Während der LASIK ist unmittelbar vor dem Schneidvorgang des Keratoms auf eine ausreichende Befeuchtung des Hornhautepithels zu achten. Dies geschieht durch die einmalige Gabe von unkonservierten Tränenersatzmitteln z.B. Artelac® EDO® bei angesaugtem Keratom. Hierdurch können Epithelerosiones durch den Schneidvorgang minimiert werden.

Es liegen keine randomisierten Studien vor, ob die Verwendung von Antibiotika in der Spüllösung während des Spülens des Interfaces ein für den Patienten messbaren Vorteil bringt. Nach Readaptation des Flaps erfolgt lediglich eine Spülung des Interfaces z.B. mit BSS®. Während der 3-minütigen Readaptationsphase des Flaps wird die Hornhaut mit feuchten Tupfern befeuchtet um ein unmittelbar postoperativ möglichst intaktes und stabiles Hornhautepithel zu erreichen.

Postoperative Phase

Nach erfolgter Readaptation des Hornhautflaps wird einmalig Tränenersatzmittel appliziert sowie erstmals 1-2 Tropfen einer Antibiotika-Steroid-Kombination (z.B. Dexamytrex® oder Isopto Max AT®) zur antibiotischen Abdeckung und zur Entquellung der Hornhaut sowie der Unterdrückung immunologischer Reaktionen, wobei im Folgenden eine einwöchige Therapiedauer bei unkompliziertem Verlauf ausreichend ist.

Der größte therapeutische Zeitraum bei der LASIK erstreckt sich auf die ersten 3-6 Monate postoperativ in Bezug auf Tränenersatzmittel. Durch die Hornhauttraumatisierung während des Flapschneidens werden intracorneale Nervenendigungen abgetrennt, die sich innerhalb eines Zeitraums bis zu einem halben Jahr postoperativ wieder regenerieren. Zunächst kommt es allerdings zu einer Hyposensibilität der Cornea und konsekutiv zu einem verminderten Sekretionsstimulus auf die Tränendrüse. Somit ist häufig das größte therapeutische Problem nach komplikationsloser LASIK das trockene Auge. Durch die passagere Hyposensibilität wird dies vom Patienten zwar nicht mit den sonst üblichen Symptomen, wie Reibegefühl, Brennen etc., subjektiv empfunden, jedoch kann der insuffiziente Tränenfilm durch die Epithelstippung der Hornhaut in einer deutlichen Visusminderung resultieren, die dann je nach Ausprägung vom Patienten als störend erhöhtes Blendungsempfinden und unterschiedlich stark ausgeprägte Visusminderung bemerkt wird. Die Therapie besteht in der auch prophylaktischen Applikation von Tränenersatzmitteln wobei sich höher visköse (z.B. Vidisic EDO® oder Hylo Comod®) als besonders wirkungsvoll erwiesen haben.

6.2. Therapeutische Optionen bei Komplikationen

Im Folgenden sollen zwar seltene, aber mögliche Komplikationen tabellarisch mit Therapieoptionen aufgelistet werden.

6.2.1. Diffuse lamelläre Keratitis (DLK)

Bei der DLK handelt es sich um eine postoperative Keratitis im Interface nach LASIK, die durch das Einwandern von Entzündungszellen gekennzeichnet ist und in 4 Stadien eingeteilt werden kann:

- Stadium 1: periphere Zellen im Interface
- Stadium 2: periphere und zentrale Zellen
- Stadium 3: zentrale Zellverklumpungen
- Stadium 4: Lacksprünge mit Stromaeinschmelzung

Therapie

Bei Stadium 1 und 2 wirken lokale Steroide (z.B: Dexagel® oder Inflanefran forte™ stündlich), bei Stadium 3 sollte der Flap angehoben, gespült und das Interface mit einem Hockey-Messer kratzend von der Zellbesiedlung befreit werden. Hier gilt es v.a. einem drohenden Gewebeverlust vorzubeugen. Ist Stadium 4 erreicht, sollte eher zunächst unter Steroidtherapie abgewartet werden, da eine weitere Gewebemanipulation bei Gewebeeinschmelzung zu einem irreversiblen Gewebeverlust im Stroma- und Flapbereich führen könnte.

Je nach zugrunde liegender Studie beläuft sich die Inzidenz einer DLK nach LASIK auf 0,6-1,1 % der LASIK-Patienten. Sie tritt meist in der ersten postoperativen Phase auf, ein späteres Auftreten nach Monaten ist selten ebenfalls beschrieben worden. Die pathophysiologische Genese ist noch weitgehend unklar, jedoch sind in einzelnen Studien Risikofaktoren für das vermehrte Auftreten einer DLK festgestellt worden, wie die Abhängigkeit von bestimmten Mikrokeratomen, geringe corneale Endothelzelldichte, große Lidspaltenweite (20). Ebenso konnten Erosiones oder rezidivierende Erosiones nach LASIK als Risikofaktoren ausgemacht werden (21). Unter Umständen könnten auch Substanzen, die durch Produktion oder Sterilisation am Keratom oder dem Messer haften, als Triggersubstanzen für DLK verantwortlich gemacht werden (22).

6.2.2. Beispiele für Therapieschemata bei LASIK-Komplikationen

Siehe Tab. 6.1

Literatur

1. Sandoval HP, Crosson CE, Holzer MP, Vroman DT, Solomon KD. Residual cleaner after normal cleaning of laser in situ keratomileusis instruments. J Cataract Refract Surg. 2003 Sep;29(9):1727-32.

2. Holzer MP, Sandoval HP, Vargas LG, Kasper TJ, Vroman DT, Apple DJ, Solomon KD. Corneal flap complications in refractive surgery: Part 2: postoperative treatments of diffuse lamellar keratitis in an experimental animal model. J Cataract Refract Surg. 2003 Apr;29(4): 803-7.

3. Vroman DT, Solomon KD, Holzer MP, Peng Q, Apple DJ, Bowie EM. Endothelial decompensation after laser in situ keratomileusis. J Cataract Refract Surg. 2002Nov;28 (11): 2045-9.

4. Knorz MC. Flap and interface complications in LASIK. Curr Opin Ophthalmol. 2002 Aug;13(4):242-5. Review.

5. Knorz MC, Neuhann T. Treatment of myopia and myopic astigmatism by customized laser in situ kerato-

	Symptome	Klinik	Therapie
Bakterielle Keratitis	• Visusminderung • Rotes Auge • Schmerzen	• Weißliche unscharf begrenzte Infiltrate • DD: Sterile Infiltrate meist am 1. postoperativen Tag	• Interfacespülung Mikrobiologische Keimbestimmung • Topische Breitbandantibiose, dann nach Antibiogramm
Dezentrierter Flap	• Visusminderung • Schmerzen	• Inkongruente Flapränder in Bezug zu Hornhautbett	• Interfacespülung und Flaprepositionierung
Detritus im Interface	• Oft symptomlos, manchmal leichte Visusminderung und Blendempfindungen	• Kleine punktförmige Ansammlungen von Detritus im Interface, manchmal kleine Flusen von Tupfern etc.	• Interfacespülung • Topische Antibiose/Steroide wie als Standardtherapie
Störung der Pupillomotorik	• Erhöhte Blendempfindlichkeit • Akkommodationsstörungen • Visusminderung	• Anisokorie • Betroffene Pupille bis mittelweit dilatiert • Lichtreaktionen meist seitengleich	• Meist Spontanremission • Ggf. leichte medikamentöse Miosis mit Pilocarpin 0,5-1,0 % AT abends • Alphagan AT 1x tgl.
Striae im Flap	• Reichen von symptomlos bis starke Visusminderung und Blendung	• Mikrofältchen unterschiedlicher Größe und Dichte im Flap • Oft leichte Stromatrübung im Flap	• Anheben des Flaps • Aufquellen mit hypotoner Spüllösung • Glattstreichen des Flaps • Interfacespülung und Repositionierung
Fettreste im Interface	• Meist symptomlos, eingespültes Sekret aus Meibomschen Drüsen	• Kleine runde, oft gelblich schimmernde Tröpfchen	• Spülung nur bei ausgeprägtem zentralen Befund • Prävention: Optimales Abkleben von Wimpernreihe und Lidkante
Intrastromale Epithelinseln	• Meist symptomlos da häufig am Flaprand, Visusreduktion nur bei zentraler Epithelinsel	• Kleine, opak schimmernde Trübungen im Interface • Meist am Flaprand	• Anheben des Flap und Entfernen der Epithelreste bei vom Rand her fortschreitendem Befund oder wenn eine zentrale Insel besteht • Bei Befund im Randbereich zunächst Abwarten, da oft spontaner Stillstand der Epithelinvasion

Tab. 6.1: Therapieschemata bei LASIK-Komplikationen.

mileusis based on corneal topography. Ophthalmology. 2000 Nov;107(11):2072-6.

6. Knorz MC. TopoLink LASIK. Int Ophthalmol Clin. 2000 Summer;40(3):145-9. No abstract available.

7. Knorz MC, Jendritza B. Topographically-guided laser in situ keratomileusis to treat corneal irregularities. Ophthalmology. 2000 Jun;107(6):1138-43.

8. Arbelaez MC, Knorz MC. Laser in situ keratomileusis for hyeropia and hyperopic astigmatism. J Refract Surg. 1999 Jul-Aug;15(4):406-14.

9. Knorz MC, Liermann A, Jendritza B, Hugger P. LASIK for hyperopia and hyperopic astigmatism—results of a pilot study. Semin Ophthalmol. 1998 Jun;13(2):83-7.

10. Knorz MC, Wiesinger B, Liermann A, Seiberth V, Liesenhoff H. Laser in situ keratomileusis for moderate and high myopia and myopic astigmatism. Ophthalmology. 1998 May;105(5):932-40.

11. Jabbur NS, Myrowitz E, Wexler JL, O'Brien TP. Outcome of second surgery in LASIK cases aborted due to flap complications. J Cataract Refract Surg. 2004 May; 30(5):993-9.

12. Solomon R, Donnenfeld ED, Perry HD. Photorefractive keratectomy with mitomycin C for the management of a LASIK flap complication following a penetrating keratoplasty. Cornea. 2004 May;23(4):403-5.

13. Nordlund ML, Grimm S, Lane S, Holland EJ. Pressure-induced interface keratitis: a late complication following LASIK. Cornea. 2004 Apr;23(3):225-34.

14. Suzuki CR, Farah ME. Retinal peripheral changes after laser in situ keratomileusis in patients with high myopia. Can J Ophthalmol. 2004 Feb;39(1):69-73.

15. Seitz B, Rozsival P, Feuermannova A, Langenbucher A, Naumann GO. Penetrating keratoplasty for iatrogenic keratoconus after repeat myopic laser in situ keratomileusis: histologic findings and literature review. J Cataract Refract Surg. 2003 Nov;29(11):2217-24. Review.

16. Kohnen T, Schopfer D, Buhren J, Hunfeld KP. [Flap Amputation in Mycobacterium chelonae Keratitis after Laser-in-situ Keratomileusis (LASIK)] Klin Monatsbl Augenheilkd. 2003 Sep;220(9):634-7. German.

17. Aizawa D, Shimizu K, Komatsu M, Ito M, Suzuki M, Ohno K, Uozato H. Clinical outcomes of wavefront-guided laser in situ keratomileusis: 6-month follow-up. J Cataract Refract Surg. 2003 Aug;29(8):1507-13.

18. Gallar J, Acosta MC, Moilanen JA, Holopainen JM, Belmonte C, Tervo TM. Recovery of corneal sensitivity to mechanical and chemical stimulation after laser in situ keratomileusis. J Refract Surg. 2004 May-Jun;20(3):229-35.

19. Moilanen JA, Holopainen JM, Helinto M, Vesaluoma MH, Tervo TM. Keratocyte activation and inflammation in diffuse lamellar keratitis after formation of an epithelial defect. J Cataract Refract Surg. 2004Feb;30(2): 341-9.

20. Noda-Tsuruya T, Toda I, Asano-Kato N, Hori-Komai Y, Fukumoto T, Tsubota K. Risk factors for development of diffuse lamellar keratitis after laser in situ keratomileusis.J Refract Surg. 2004; 20 (1): 72-5.

21. Asano-Kato N, Toda I, Tsubota K. Severe late-onset recurrent epithelial erosion with diffuse lamellar keratitis after laser in situ keratomileusis. J Cataract Refract Surg. 2003; 29 (10): 2019-21.

22. Levinger S, et al. J Cataract Refract Surg 2003: 29 (10): 1849-50.

6.3. Postoperative Therapie bei refraktiver Chirurgie

Zunehmend werden refraktive Operationen im Co-Management durchgeführt, bei dem der vor-und nachbehandelnde Augenarzt und der Operateur nicht identisch sind und die Praxen bzw. Augenlaserzentren gegebenenfalls sogar weit voneinander entfernt liegen. Daher wird es immer wichtiger, dass auch die konservativen und nicht refraktiv-chirurgischen Augenärzte sehr genau über die Nachsorge nach refraktiver Chirurgie informiert sind. Derzeit werden nicht nur immer mehr Excimer-Laseroperationen (LASIK; PRK/LASEK) durchgeführt, sondern insbesondere bei Patienten mit hohen Fehlsichtigkeiten (ab -8 bis -10 Dioptrien Kurzsichtigkeit und bei hoher Weitsichtigkeit ab +4 bis +5, 0 Dioptrien) kommt immer häufiger die Option einer intraokularen Lösung der refraktiven Problematik in Betracht.

Bei jüngeren Patienten bis zum ca. 40 Lebensjahr diskutieren wir mit unseren Patienten den Einsatz einer so genannten ICL, einer künstlichen Kontaktlinse, die in die hintere Augenkammer eingesetzt wird. Bei älteren Patienten empfehlen wir insbesondere auch bei morphologischen Veränderungen der Augenlinse, einen Linsenaustausch (so genannter *refractive lens exchange* (RLE)). Bei zusätzlichem Astigmatismus oder auch bei einer hohen Erwartungshaltung des Patienten auf ein optimales refraktives Ergebnis kombinieren wir häufig auch eine Linsenoperation mit einer LASIK, um so eine Zielrefraktion von ±0,5 Dioptrien erreichen zu können (so genannte Bioptics).

Im Folgenden werden wir über die postoperative Nachsorge bei refraktiven Operationen sprechen:

- Nach LASIK
- Nach PRK/LASEK
- Nach Einsatz von Intraokularlinsen (z.B. ICL-Linsen in die hintere Augenkammer) bzw. nach *refractive lens exchange* (RLE)

6.3.1. Nachsorge nach LASIK

Wir empfehlen die Kontrolle nach der OP und die Kontrolle am ersten postoperativen Tag unbedingt durch den Operateur bzw. das operierende Zentrum durchführen zu lassen.

Die eigentliche Nachsorge nach der LASIK-Operation beginnt schon wenige Minuten nach Beendigung der OP. Der Patient wird darüber informiert, nicht in den Augen zu reiben und die Augen in den ersten 15-30 Minuten nach der OP geschlossen zu halten. Dabei funktioniert das Ober- und Unterlid wie eine Art Kontaktlinse und glättet die oberflächliche Hornhaut bzw. den Flap, so dass dieser sich gut festsaugen kann. Schon nach einer halben Stunde sitzt der oberflächliche Hornhautflap so gut, dass dieser normalerweise nicht mehr verrutscht oder sich faltet. Praktischerweise machen wir es so, dass sich der Patient unmittelbar nach der Operation in den Warteraum mit geschlossenen Augen setzt. Etwa 20-30 Minuten später wird dann der Patient am Spaltlampenmikroskop nochmals untersucht und beurteilt, ob der Flap gut sitzt und keinerlei Anzeichen auf Falten zeigt. Bei Auftreten von Falten oder einem Verrutschen des Flaps kann gleich interveniert werden und der Flap wieder in die optimale Position gebracht werden (am besten den Patienten unter dem Operationsmikroskop behandeln und nicht an der Spaltlampe). Genauso verfahren wir mit Fremdkörpern im Interface, die in manchen Fällen unter dem Lasermikroskop nicht gesehen werden können, sondern erst später an der Spaltlampe. Ferner wird dem Patienten geraten, schon am ersten postoperativen Tag jede halbe Stunde Augentropfen ins Auge zu geben, um die Oberfläche glatt und regelmäßig zu halten. Bei den verwendeten Augentropfen handelt es sich einerseits um künstliche Augentränen ohne Konservierungsstoffe (z.B. Artelac® EDO® oder Vismed) und andererseits um antibiotische Augentropfen. Letztere werden maximal 6 Tage benutzt, es handelt sich dabei um ein Kombinationspräparat von Antibiotika und Kortison (Dexamytrex® oder Isopto-Max AT). Diese Augentropfen werden als eine Art Prophylaxe eingesetzt, um etwaige postoperative Entzündungen am Auge (z.B. unter dem Flap) vorzubeugen. Eine Entzündung im Interface oder im Wundspalt, was früher gelegentlich gesehen wurde, ist nach diesem neuen Therapieplan äußerst selten und fast ausgeschlossen. Sollte es bei der LASIK-Op zu einer Erosio corneae kommen, setzen wir in der Regel für eine Nacht bzw. bis zum Hornhautepithelschluss eine therapeutische Kontaktlinse ein, so dass sich das darunterliegende Hornhautepithel regenerieren kann. Diese Kontaktlinse wird am nächsten Tag wieder entfernt. Bei einer Erosio corneae sollte der Patient bis zum Epithelschluss täglich kontrolliert werden. Bei der postoperative Kontrolle am ersten Tag sollte ein intensives Augenmerk auf den Flapsitz und das Interface gelegt werden. Eine Entzündung im Interface (so genannte diffuse lamelläre Keratitis (DLK oder auch SOS, *sands of Sahara*-Syndrom, genannt)) zeigt sich schon nach 24 Stunden und sollte entsprechend erkannt und auch behandelt werden (stündliche Kortikoidgabe z.B. Dexagel® oder Inflanefran® forte stündlich) und tägliche Kontrolle. Bei Fortschreiten der Entzündung Wiedervorstellung beim Operateur.

Wir empfehlen unseren Patienten, in der ersten Woche diese antibiotischen Augentropfen viermal täglich zu tropfen und dazwischen weiterhin die künstlichen Augentränen ohne Konservierungsstoffe anzuwenden. Nach Bedarf sollten dann die künstlichen Augentränen über mehrere Wochen benutzt werden. Es sollten dabei immer Präparate ohne Konservierungsstoffe sein, da es ansonsten zu allergischen Reaktionen kommen kann. Wie oft und wie lange diese Tropfen dann genommen werden sollten, besprechen Sie bitte jeweils mit Ihrem Arzt. Als Terminplan für die Kontrollen nach einer LASIK-Operation empfehlen wir den ersten postoperativen Tag, nach ca. 7-10 Tagen, nach 4 Wochen und nach 3 Monaten. Abweichungen von diesem Plan entstehen in solchen Fällen, in denen die Patienten extrem trockene Augen haben oder bei anderen Beschwerden, die im unmittelbaren postoperativen Verlauf entstehen. In solchen Fällen werden individuell mit dem Patienten Untersuchungstermine vereinbart.

Schon 2-3 Wochen nach durchgeführter LASIK-Operation ist der Heilungsprozess meist soweit fortgeschritten, dass der endgültige Erfolg beurteilt werden kann. Über 90 Prozent der Patienten liegen dann in einem Bereich, in der sie in der Ferne jetzt ohne Korrektur so viel sehen, was früher nur mit Brille oder Kontaktlinse möglich war. Ein kleiner Prozentsatz der Patienten - dabei handelt es sich meist um Patienten, die vor der Operation sehr hohe Fehlsichtigkeitswerte hatten - liegt in einem Bereich einer leichten Restfehlsichtigkeit. Im Einzelfall wird dann beurteilt, ob eine Re-LASIK durchgeführt werden sollte.

Viele Patienten fragen, wie sie sich in den ersten Tagen bis Wochen nach einer LASIK-Operation verhalten müssen. Wir raten grundsätzlich, dass sie die meisten ihrer normalen Tätigkeiten wie früher durchführen können. Sie können schon nach wenigen Tagen ihr Sport- oder Fitnessprogramm durchführen ohne Angst haben zu müssen, dass der Flap verrutschen sollte. Erfahrungsgemäß sollten - wegen der extremen Hitze und Trockenheit der Luft - Saunabesuche mehrere Wochen gemieden werden. Falls sie in klimatisierten Räumen arbeiten, sollten nach Bedarf häufiger künstliche Augentränen angewandt werden. Falls möglich, sollte in Autos, Büros oder zu Hause vorerst auf die Klimatisierung verzichtet werden.

Am schlimmsten wirkt sich dabei die trockene Heizungsluft aus. Sie verhindert, dass die empfindlichen Augen feucht genug bleiben. Dabei ist ein stabiler Tränenfilm unbedingt notwendig, um die Hornhaut mit Sauerstoff zu versorgen und das Auge vor Bakterien und Viren zu schützen. Wird der Tränenfilm gestört, kann es zu Rötung mit Fremdkörpergefühl kommen. Deshalb ein guter Tip: in beheizten Räumen täglich lüften, evtl. ein Luftbefeuchter aufstellen; oft spazieren gehen, denn sauerstoffreiche Luft wirkt wie eine "Augendusche".

Für Patienten, die sich bereits in der Alterssichtigkeit befinden (älter als 50. Lebensjahr) empfehlen wir, sich unmittelbar nach der Operation eine Lesebrille zu besorgen. Man sollte hier vorerst ein preisgünstiges Modell wählen, da sich die Werte möglicherweise in den ersten 3-4 Wochen noch etwas verändern. Dabei könnte man "eine Brille von der Stange" kaufen mit einer Stärke von +1 bis +2 dpt. Die meisten Patienten kommen damit zunächst gut zurecht. Nach etwa 3 Monaten könnte dann eine auf sie "zugeschnittene" Lesebrille angepasst werden, abhängig vom Alter und der Tätigkeit bzw. dem Bedarf.

Außerdem sollte jeder kurzsichtige Patient einmal im Jahr weiterhin seine Netzhaut kontrollieren lassen, um mögliche Netzhautveränderungen, die bei allen Kurzsichtigen entstehen können, frühzeitig zu entdecken und ggf. zu behandeln.

6.3.2. Nachsorge nach PRK/LASEK

Im Unterschied zur LASIK kommt es bei der PRK/LASEK häufiger zu Schmerzen, so dass wir hier prophylaktisch unseren Patienten lokale schmerzstillende Augentropfen (zum Beispiel Acular® AT) mitgeben, die bei Bedarf eingesetzt werden können, sowie auch eine systemische Schmerzmedikation. Alle Patienten nach PRK/LASEK werden mit einer therapeutischen Kontaktlinse versorgt und sollten täglich bis zum Epithelschluss kontrolliert werden. Nach erfolgreichem Epithelschluss ist auch keine weiche therapeutische Kontaktlinse mehr notwendig und eine Schmerzfreiheit ist beim Patienten auch erreicht. Wichtig ist gerade beim PRK/LASEK-Patienten präoperativ darauf hinzuweisen, dass die visuelle Rehabilitation im Vergleich zur LASIK langsamer voranschreitet, so dass Enttäuschungen vermieden werden können. Bis zum Hornhautepithelschluss sollte der Patient noch keine Kortikoid-Augentropfen applizieren. Wir verordnen lokale Antibiotika ohne Konservierungsmittel (z.B. Floxal® EDO® Augentropfen) und Tränenersatzmittel zur Befeuchtung der therapeutischen Kontaktlinsen. Nach dem Epithelschluss empfehlen wir eine Therapie mit einem lokalen Steroid (zum Beispiel Dexa EDO® oder Efflumidex), das über die ersten Monate in absteigender Dosierung unter regelmäßiger Überwachung (insbesondere des Augendruckes) gegeben werden sollte. Bei Auftreten von Haze sollte mit dem Operateur Kontakt aufgenommen werden, um die weitergehende Therapie zu besprechen (ggf. Intensivierung der Steroidtherapie).

6.3.3. Nachsorge nach refraktiver Linsenchirurgie

Im Gegensatz zur LASIK und auch PRK/LASEK empfehlen wir vor einem linsenchirurgischen Eingriff eine präoperative lokale Antibiotikatherapie, um den Bindehautsack frei von möglichen pathogenen Keimen zu halten. Wichtig ist, dass der Patient über die Notwendigkeit dieser Maßnahme entsprechend aufgeklärt wird. Nach einer Linsenoperation, die wir in der Regel nicht am selben Tag binokular durchführen, wird postoperativ ein antibiotischer Augensalbenverband angelegt und zur Nacht prophylaktisch ein systemisch augeninnendrucksenkendes Medikament verordnet (z.B. 1 Tbl. Diamox zur Nacht). Am nächsten Tag wird der Augenverband abgenommen und wir beginnen mit einem Kombinationspräparat aus einem Steroid und einem Antibiotikum (z.B. Dexamytrex® oder Isopto-Max AT) und nichtsteroidale Augentropfen (z.B. Indocolir® oder Voltaren ophtha AT 4x tgl.) lokal zu therapieren. Das Kombinationspräparat geben wir für ca. 1 Woche und das nichtsteroidale Präparat für 4 Wochen. Wichtig für den nachbehandelnden Arzt ist bei Patienten, bei denen eine sog. ICL in die hintere Augenkammer eingesetzt wurde, dass die Iridotomien offen sind und der Augendruck nicht erhöht ist. Bei Verschluss der Iridiotomien sollte eine YAG-Iridotomie durchgeführt werden, um einen Glaukomanfall zu verhindern. Ebenso bitten wir auf einen ausreichenden Spalt zwischen ICL- und Linsenvorderfläche zu achten, damit es zu keiner Kataraktausbildung kommt. Die Nachsorge nach einem *refractive lens exchange* entspricht der allgemeinen Therapie nach einer Kataraktoperation.

Zusammenfassend gesagt ist es wichtig, dass Operateur und nachbehandelnder Augenarzt sehr eng zusammenarbeiten und sich ggf. über die Entwicklung informieren. Insbesondere die ersten Tage nach dem refraktiven Eingriff sind wichtig, da sich die meisten möglichen Probleme in dieser Zeit entwickeln, so dass wir empfehlen, dem Patienten immer eine Handynummer mitzugeben, so dass er beim Auftreten von Problemen einen refraktiv erfahren Augenarzt informieren kann.

Komplikationen nach LASIK und deren Behandlung

7. Komplikationen nach LASIK und deren Behandlung

Die Inzidenz von LASIK-Komplikationen wird heute zwischen 0,68 % (Tham u. Malloney: n = 3.998) (10) und 2,1 % (Stulting: n = 1.062) (9) angegeben, wobei die meisten LASIK-Komplikationen sich durchaus gezielt behandeln lassen und in der weit überwiegenden Anzahl ihres Auftretens auf das endgültige visuelle Ergebnis zum Glück nur einen geringen Einfluss haben (1). Insbesondere zu Beginn der LASIK-Ära wurde verschiedentlich auf eine möglicherweise höhere Ablatiorate aufgrund der kurzzeitigen Erhöhung des intraokularen Druckes und der Kompression durch den Mikrokeratomschnitt hingewiesen. Große Feldstudien (Arevalo et al.: n = 29.916) (2) haben jedoch überzeugend nachweisen können, dass die Ablatioinzidenz nach LASIK in etwa dem Risiko nichtoperierter Augen entspricht und wahrscheinlich sogar gering darunter angesiedelt werden muss, da die LASIK-Patienten präoperativ in aller Regel eine exakte Fundusdiagnostik erhalten und einer prophylaktischen Behandlung von Ablatiovorstufen zugänglich sind, was bei einer unbehandelten und nicht ausdiagnostizierten Kontrollgruppe eher die Ausnahme ist. Arevalo et al. (2) haben bei den nachuntersuchten 29.916 myopen LASIK-Augen insgesamt 14 rhegmatogene Ablationes feststellen können, die jedoch in keinem unmittelbaren zeitlichen Zusammenhang zur LASIK standen. Zusätzlich traten 4 Netzhautforamina bei anliegender Netzhaut auf und eine juxtafoveale CNV. Insgesamt gibt es bis heute keine eindeutigen Belege dafür, dass retinale Komplikationen nach LASIK-Chirurgie häufiger auftreten.

Bei den LASIK-Komplikationen werden intra-, frühpost- und spätpostoperative Komplikationen unterschieden. Die intraoperativen Komplikationen hängen wesentlich mit der Schnittqualität unterschiedlicher Mikrokeratome und deren Komplikationspotenzial zusammen. Intraoperative Flapkomplikationen lassen sich mit modernen, vollautomatischen Mikrokeratomen auf unter 0,5 % drücken (6). Bestimmte Schneidkopfkonfigurationen scheinen hier bevorzugt mit der Ausbildung von Epitheldefekten einherzugehen, die mikrokeratomtypisch sind. Auch aus forensischen Gründen sollten grundsätzlich die Mikrokeratom-Einmalklingen auch nur für ein einziges Auge eingesetzt werden, um das Risiko einer beidseitigen Infektion - was bisher in der Literatur nur kasuistisch berichtet wurde - zusätzlich zu minimieren. Das Risiko einer bakteriellen Keratitis nach LASIK wird mit weniger als 1 ‰ angegeben (4). Dennoch wurden auch bilaterale mikrobielle Infektionen nach LASIK berichtet (5, 11), wobei bei immunkompromittierten Patienten ein solches bilaterales Infektionsrisiko erhöht ist. Bei nicht anders zu beherrschenden Infektionen können Flapamputationen erforderlich werden (7).

7.1. Präoperatives Screening zur Vermeidung von LASIK-Komplikationen

Die kritische präoperative Untersuchung von refraktiven Patienten hilft, mögliche Komplikationen im Vorfeld auszuschließen und das Komplikationsrisiko zu minimieren. Grundsätzlich sollten Hornhäute, die zentral dünner als 500 µm sind, nicht mit einer LASIK behandelt werden. Die Hornhauttopographie hilft keratokonusverdächtige Patienten auszuschließen. Eine Restriktion der Behandlung auf Myopien von maximal -8 bis -10 Dioptrien und Hyperopien und Astigmatismen von nicht mehr als 3 Dioptrien hilft, die Vorhersage der refraktiven Korrektur und deren Stabilität einzuhalten. Voraussetzung ist natürlich, dass die Refraktion des Patienten seit mindestens 1 Jahr - besser 2 Jahren - stabil ist.

Die Kalkulation der stromalen Restdicke ist erforderlich, um eine späte corneale Ektasie zu vermeiden: Hierbei sollte die Varianz in der Schnittdicke des Flaps bei dem individuell benutzten Mikrokeratom mit einkalkuliert werden.

Corneale Dystrophien, insbesondere Basalmembrandystrophien wie die *map dot*-Fingerprint-Dystrophie sollten im Vorfeld diagnostiziert werden und besser einem Oberflächenablationsverfahren unterworfen werden, da die LASIK bei diesen Fällen nahezu zwangsläufig zu großflächigen Epithelablederungen führt.

Ob Autoimmunerkrankungen wie beispielsweise der Lupus erythematodes tatsächlich zu einer erhöhten Komplikationsrate der LASIK führen, wird gegenwärtig noch kontrovers diskutiert. Patienten, die zu proteolytischen Corneaeinschmelzungen neigen, wie etwa PCP-Patienten, sind ganz sicher keine geeigneten Kandidaten für eine lamelläre refraktive Hornhautchirurgie.

Blepharitiden sollten wirkungsvoll behandelt sein, bevor eine LASIK durchgeführt wird.

Grundsätzlich sollten auch Patienten mit einer mesopischen Pupillenweite von mehr als 8 mm von einer LASIK, aber auch von anderen refraktiven Eingriffen einschließlich der Implantation phaker Intraokularlinsen ausgeschlossen werden, weil diese Patienten in hohem Maße Gefahr laufen, unter Nachtfahruntauglichkeit und postoperativer monokularer Diplopie gerade unter Dämmerungsbedingungen zu leiden.

Wichtig ist die keratometrische Bestimmung der Hornhautradien, die mit der Spannweite der keratometrischen Angaben des Keratomherstellers vereinbar sein sollten. Dies ist wichtig, um intraoperative Komplikationen wie ein *button hole* (Abb. 7.1) oder ein *free cap* (Abb. 7.2) zu vermeiden.

Abb. 7.1: Befund am 2. Tag nach Knopflochschnitt (*button hole*): Zu dieser Komplikation kann es bei sehr steilen Hornhäuten und bevorzugt bei der Verwendung rotierender Mikrokeratome kommen.

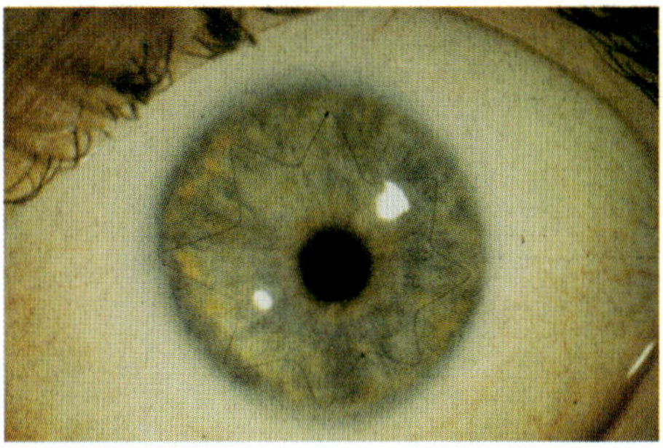

Abb. 7.2: Befund eine Woche nach Schneiden eines *free cap* bei Cornea plana und Mikrophthalmus: Mit dieser Komplikation muss bei besonders flachen Hornhäuten und kleinen Augen gerechnet werden; eine Nahtsicherung, wie in diesem Fall, ist nicht zwingend erforderlich.

7.2. Intraoperative Komplikationen

Intraoperative Komplikationen beruhten in der Entwicklungsphase der LASIK häufig auf technisch-instrumentellen Unzulänglichkeiten der eingesetzten Mikrokeratome, was dann zu Schnittfehlern führte, die bevorzugt bei Vakuumverlust auftraten. Aber auch mit den modernen, vollautomatischen Mikrokeratomen sind Schnittkomplikationen bevorzugt dann möglich, wenn die keratometrischen Limits der Mikrokeratome überschritten werden und etwa bei zu steilen Hornhäuten dann durch die Einbuckelung des Apex corneae ein *button hole* entsteht (Abb. 7.1). Durch den Anstieg des Widerstandes der Keratomklinge beim Schneiden zum Zentrum der Hornhaut hin sind rotierende Mikrokeratome eher geeignet, zu einem Knopflochschnitt bei steilen Hornhäuten zu führen. Durch vorhergehende Applanation der Hornhaut können dagegen lineare Mikrokeratome unter konstanten Druckverhältnissen schneiden. Aber auch lineare Mikrokeratome können beispielsweise zu einem *free cap* führen, wenn es zu einem Sogverlust während des Schnittes kommt. Mit dieser Komplikation muss vor allem auch bei voroperierten Augen dann gerechnet werden, wenn aufgrund von Bindehautverwachsungen und Tenonvernarbungen eine stabile Ansaugung des Bulbus erschwert ist. Die Gefahr, ein *button hole* zu schneiden, besteht immer dann, wenn die Hornhäute zu steil sind, d.h. die keratometrischen Werte über 48 Dioptrien liegen. Kommt es zu einer

Knopflochbildung, sollte keine Laserablation durchgeführt werden, es wird vielmehr empfohlen, das Epithel von der zentral erhaltenen, intakten Hornhautinsel zu entfernen und den Flap zu repositionieren. Wird bei zu flacher Hornhaut ein *free cap* geschnitten, so kann dieses entweder in üblicher Weise readaptiert werden, wobei sorgfältig 2 bis 3 Minuten gewartet werden sollte, bis die Adhäsion der freien Lamelle gesichert ist. Ergänzend kann eine therapeutische Kontaktlinse aufgesetzt werden. Als Alternative bietet sich an, durch eine fortlaufende Naht für ein bis zwei Wochen den Lentikel zu sichern (vgl. Abb. 7.2). *Free caps* entstehen bevorzugt, wenn die Hornhaut flacher als 38 Dioptrien ist. Gerade in Fällen eines *free caps* ist die exzentrische Farbstoffmarkierung des Epithels vor dem Keratomschnitt essenziell, um den Lentikel korrekt zu readaptieren.

In jedem Fall soll bei jeder Art von Schnittfehlern die eigentliche Laseroperation um mindestens 3 Monate verschoben werden. Dann kann erneut geschnitten werden, wobei bei dem Wiederholungsschnitt möglichst ein tieferer Schnitt gewählt werden sollte (dickeres *plate*), um das frühere, häufig irreguläre Wundbett zu vermeiden. In Zukunft werden solche Rebehandlungen nach vorausgegangenem Schnittfehler eines mechanischen Mikrokeratoms bevorzugt berührungsfrei mit dem Femtosekundenlaser durchgeführt werden können.

Eine der ernstesten intraoperativen Komplikationen stellt eine massive Dezentrierung der Ablation dar (Abb. 7.3). Dies kann durch fehlerhafte Konditionierung des *eye trackers* oder auch einen von vornherein defekten *eye tracker* provoziert werden, aber auch durch paralaktische Verschiebungen der Ablation und Herausdrehen des Patientenkopfes während der Behandlung sind Dezentrierungen möglich. Dies kann durch die exakte Positionierung des Patientenkopfes und durch mehrmalige Kontrolle der korrekten Zentrierung während des Ablationsvorganges vermieden werden. Ist es einmal zu einer massiven Dezentrierung, wie sie die Topographie in Abb. 7.3 zeigt, gekommen, ist eine laserchirurgische Korrektur (exzentrische Ablation der Gegenseite) nur in ausgewählten Fällen noch möglich, häufig bleibt nur die kontaktologische Versorgung als Möglichkeit einer optischen Rehabilitation.

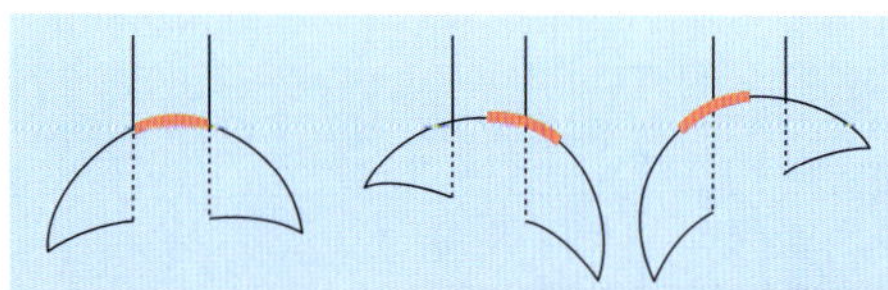

Abb. 7.4: Eine genaue Zentrierung ist nur bei perpendikulärer Ausrichtung von Bulbus und Gesichtsschädel möglich; die Abbildung zeigt die paralaktische Verziehung bei Verrollung des Kopfes.

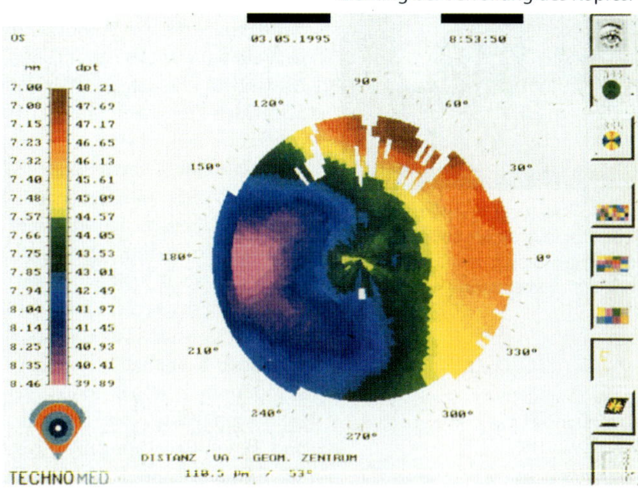

Abb. 7.3: Ausgeprägter Befund einer Dezentrierung ein halbes Jahr nach myoper LASIK. Derartige Befunde sind nach Einführung moderner *eye tracker* selten geworden, wobei auch beim Einsatz der *eye tracker* auf eine exakte Zentrierung entsprechend der "*line of sight*" geachtet werden muss.

Die Wahrscheinlichkeit eines intraoperativen Sistierens des Mikrokeratoms kann durch einen vorhergehenden Mikrokeratomtest minimiert werden. Durch ein erneutes "Durchstarten" des Fußschalters kann unter Belassung des Soges der Schnitt wie geplant zu Ende geführt werden, ohne dass eine Schnittstufe entsteht. Ist dies nicht möglich, sollte der Sog gelöst werden und der Mikrokeratomkopf vorsichtig vom Auge abgehoben werden. Befindet sich dann der sog. Hinge noch im Bereich der geplanten Ablationszone oder gar nahe der optischen Achse, sollte die Hornhautlamelle erst wieder verheilen und nach frühestens 3 Monaten dann erneut, möglichst mit größerem *plate* geschnitten werden, bevor die Laserablation durchgeführt wird. Letztlich bleibt das refraktive Ergebnis in den allermeisten Fällen hiervon unbeeinflusst.

Der Saugring kann durch Ruptur konjunktivaler Gefäße zu einem Hyposphagma führen, das allein kosmetischer Natur ist und keiner weiteren Behandlung bedarf (Abb. 7.5). Durch den Hornhautschnitt kann es jedoch gerade bei Kontaktlinsenträgern auch zu limbalen Blutungen bis in das Interface hinein kommen. Hier sollte notfalls mit Saugtupfern gewährleistet werden, dass die Blutung aus limbalen Gefäßen nicht mit der cornealen Laserablation interferiert. Blutungsreste sollten am Ende der LASIK aus dem Interface herausgespült werden.

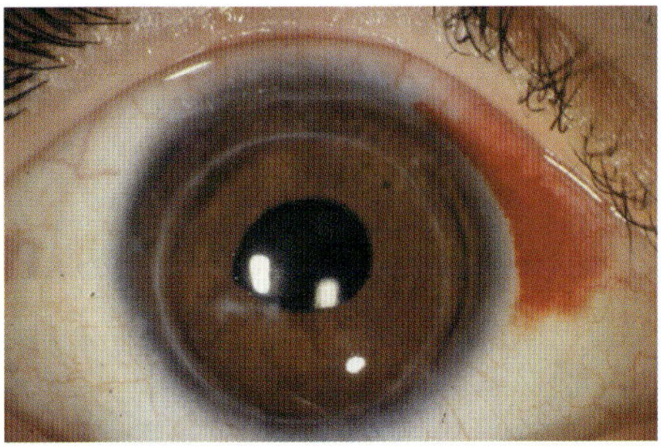

Abb. 7.5: Keratomsaugringinduziertes Hyposphagma im nasal oberen Quadranten am ersten Tag nach LASIK wegen eines myopen Astigmatismus nach Autorotationskeratoplastik.

7.3. Frühpostoperative Komplikationen

Die wichtigste frühpostoperative Komplikation ist das sog. SOS-Syndrom, das "*sands of Sahara*-Syndrom" oder auch diffuse lamelläre Keratitis (DLK), die in der Regel 12 bis 24 Stunden nach der LASIK auftritt. Sie ist eine unspezifische immunologische Reaktion und geht praktisch nie mit Schmerzen einher. Es werden 4 Stadien der DLK unterschieden:

- Im ersten Stadium entwickelt sich eine puderzuckerartige Verdichtung im Interface mit nichtkonfluierenden sandartigen Infiltraten.
- Im Stadium 2 konfluieren die Infiltrate sanddünenartig, wobei der Patient subjektiv eine nebelartige Sehverschlechterung wahrnimmt.
- Im Stadium 3 kommt es dann zu schneeballartigen Konglomeraten (vgl. Abb. 7.6).
- Im Stadium 4 tritt zu den Interfacekonglomeraten eine Chemosis und auch eine Lidschwellung hinzu.

Spaltlampenmikroskopisch lassen sich die DLK-Stadien sicher diagnostizieren. Eine konfokale mikroskopische Beurteilung ist jedoch möglich (3).

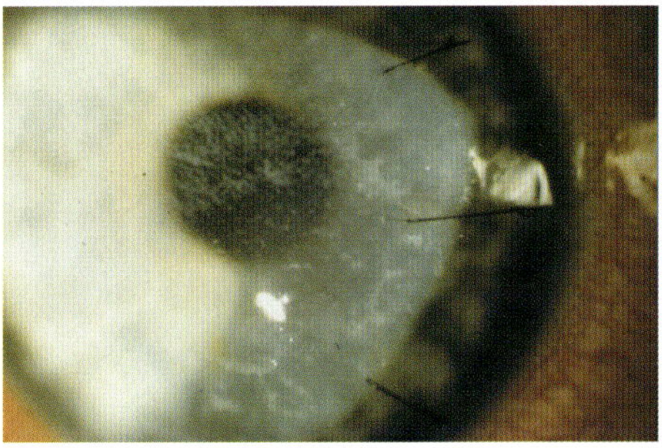

Abb. 7.6: Interfacekeratitis (DLK 3) drei Tage nach myoper LASIK mit anschließender Flapdislokation bei einer Handballspielerin: Deutlich sind die konfluierenden Interfaceinfiltrate zu erkennen, der Flap wurde mit Einzelknopfnähten für 10 Tage gesichert.

Die Stadien 1 und 2 können durch stündliches Tropfen eines Kortisonpräparates beherrscht werden. In unseren Händen hat es sich bewährt, bereits intraoperativ neben einem Konservierungsmittel freien Antibiotikum bereits ein Steroidpräparat zu tropfen. Hierdurch hat die Inzidenz der DLK, die in einigen Studien in bis zu 10 % der Fälle angegeben wird, drastisch reduziert werden können. Stadium 3 und 4 erfordern die Lentikelanhebung und das Spülen des Interfaces mit BSS und Steroiden. Intraoperative Epithelläsionen und postoperative Epitheldefekte scheinen in besonderer Weise zu einer DLK zu prädisponieren. Eine unbehandelte DLK, die bis zum Stadium 4 fortschreitet, kann zu stromalen Einschmelzungen und sekundären Hyperopisierungen mit irregulärem Astigmatismus führen. Bakterientoxine und Lipopolysaccharide im Autoklaven können zu einer epidemieartigen Zunahme von DLK-Reaktionen führen und die Verwendung von Einmalkeratomen erforderlich machen.

Eine Interfacereaktion wird häufig nach Verrutschen des Flaps gesehen. Ein sog. *flap displacement* tritt gewöhnlich in den ersten 24 Stunden nach LASIK auf (vgl. auch Abb. 7.6). Ein Grund kann darin liegen, dass nicht genügend Zeit gewährt wird für die Adhäsion des LASIK-Flaps. Wir warten gewöhnlich drei Minuten und kontrollieren den Patienten eine halbe Stunde nach der LASIK hinsichtlich des korrekten Sitzes des Flaps an der Spaltlampe. Ein akzidentelles Verrutschen des Flaps führt neben einer DLK nicht selten auch zu einer Epithelimplantation (vgl. Abb. 7.7 und 7.8).

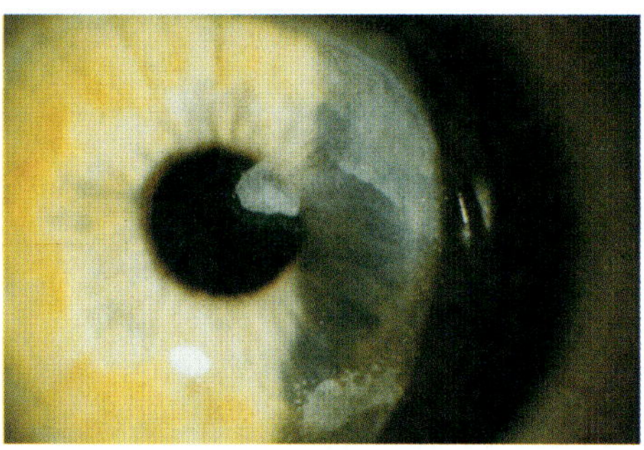

Abb. 7.7: Schraubenförmige Epithelimplantation ein halbes Jahr nach myoper LASIK mit einem manuellen Mikrokeratom und irregulärer Schnittausbildung. Abfall des unkorrigierten Visus auf 0,3, Ausbildung eines irregulären Astigmatismus.

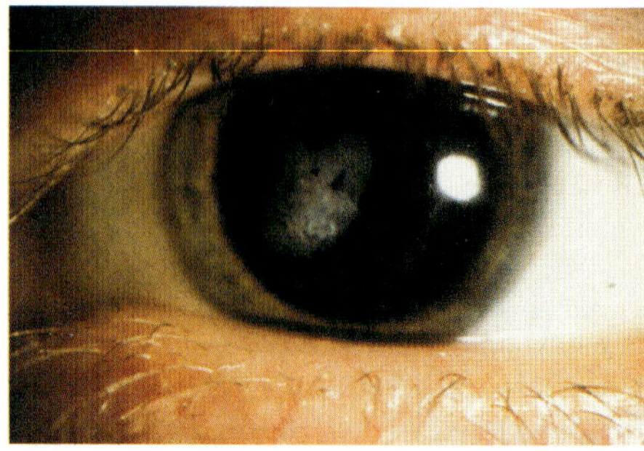

Abb. 7.8: Einlagerung eines zentralen Epithelplaques, Befund ein 1 Jahr nach beidseitiger LASIK. Der Patient hatte keine zwischenzeitlichen ophthalmologischen Kontrollen wahrgenommen.

Zu den frühpostoperativen Komplikationen zählt die Ausbildung von Falten (Striae). Die Ausbildung von Falten wurde mit Inkongruenzen zwischen der Rückseite des Flaps und dem abladierten Hornhautbett erklärt. Folgerichtig soll die Inzidenz von Striae mit zunehmender Höhe der Laserkorrektur zunehmen. Wenngleich eine Faltenbildung im Flap notwendigerweise eine Visusverschlechterung hervorruft, sollte zumindest immer dann eine Revision des Flaps vorgenommen werden, wenn die Falten konvergieren und zu einer Visusbeeinträchtigung führen. Das erfolgreichste Manöver ist hierbei, den Flap frühzeitig wieder anzuheben und die Falten auszustreichen und ggf. auch den Flap zu deepithelialisieren, um fixierte Falten wieder zu lösen. Die Devise ist hierbei: "Je früher, umso besser". Je länger die Falten bestehen, um so schwieriger wird es, sie zu eliminieren. Jeder deutliche Abfall im bestkorrigierten Visus eine Woche nach LASIK sollte Anlass geben, peinlich genau den Flap auf das Vorliegen von Falten zu untersuchen. Häufig zeigen sich Faltenbildungen besonders gut, wenn man den Flap im regredienten Licht betrachtet. Die erneute Flapintervention sollte innerhalb der ersten Woche nach LASIK erfolgen. Gegebenenfalls kann mit hypotonen Lösungen versucht werden, den Flap zu quellen und die Falten zusätzlich zu verstreichen.

Bereits frühpostoperativ, aber dann vor allem spätpostoperativ, kann sich allein aufgrund der Unterbrechung der oberflächlichen Hornhautnerven ein trockenes Auge und eine neurotrophe Epitheliopathie ausbilden. Hier ist vordringlich eine Benetzungstherapie mit nichtkonservierten künstlichen Tränen erforderlich, ggf. auch die Applikation visköser Gele bis hin zu Hyaluronsäurepräparaten. In wenigen Fällen muss eine solche Therapie bis zu einem halben Jahr nach LASIK durchgehalten werden. Auch *punctum plugs* sind bei Patienten hilfreich, die nach LASIK Oberflächenprobleme entwickeln. In aller Regel lassen die Symptome spätestens 6 bis 8 Monate nach LASIK nach, wenn die cornealen Nerven an der Schnittkante des Flaps regeneriert sind.

7.4. Spätpostoperative Komplikationen

Eine der wichtigsten spätpostoperativen Komplikationen ist die Epitheleinwachsung, die nicht selten im Gefolge intraoperativer Epitheldefekte auftritt. Epitheleinwachsungen sind sicher 6 Wochen nach LASIK an den weißlichen, tupfer- bis plaqueartigen, griesähnlichen Einlagerung im Interface zu erkennen (vgl. Abb. 7.8 u. 7.9). Es besteht häufig zusätzlich ein Fremdkörpergefühl, es kommt zu irregulären Astigmatismen, Bildverzerrungen, Doppelkonturen und im Extremfall sogar zu Flapproteolysen. Bei zentraler Lage der Epithelien ist immer eine manuelle Entfernung erforderlich, d.h. der Flap muss nach Lösen der Adhärenzen im Bowman-Bereich wieder angehoben werden und die Epithelien von der Rückseite des Flaps und vom stromalen Bett des Interfaces mit dem Hockey-Messer ausgeschabt werden. Auch das Säubern des Interfaces mit einer niedrigdosierten PTK wurde beschrieben. Kleine periphere Epithelzellnester in der Nähe des Flaprandes brauchen nicht revidiert zu werden.

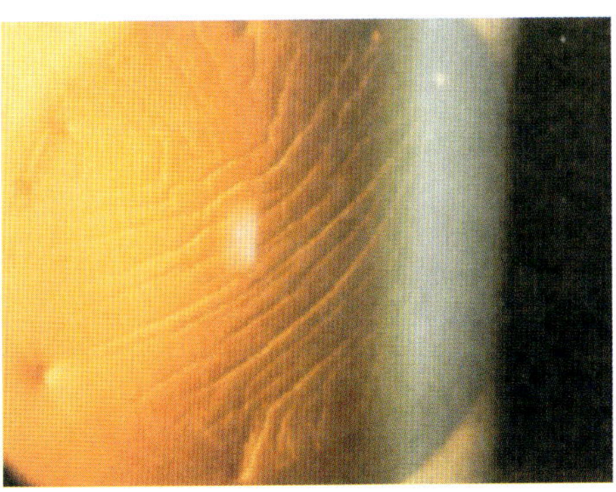

Abb. 7.9: Flapstriae 14 Tage nach myoper LASIK: Deutlich zu sehen die Konvergenz der Faltenbildungen.

Stulting et al. (9) haben in ihrer Serie von 1.013 LASIK-Eingriffen immerhin in 14,7 % Epithelimplantationen gesehen, ein Prozentsatz, der aus heutiger Sicht doch extrem hoch zu sein scheint: Absauglidsperrer und eine saubere OP-Technik mit sorgfältiger Druckspülung des Interfaces lassen diese in weit überwiegendem Maße chirurgisch induzierte Komplikation sicher vermeiden.

Selten kann es als späte postoperative Komplikation zu einer progressiven Versteilung der Hornhaut nach myoper LASIK kommen mit der Folge einer cornealen Ektasie (8). Um diese späte Komplikation zu vermeiden, ist es entscheidend, *form fruste keratoconi* oder beginnende Konusbildungen der Hornhaut auszuschließen und grundsätzlich keine Hornhäute zu operieren, die zentral dünner als 500 µm sind. Eine stromale Restdicke von 250 µm und mindestens der Hälfte der Hornhautdicke insgesamt sollten eingehalten werden. Dies ist insbesondere bei Nachbehandlungen (*re-treatment*) wichtig. Die Behandlung einer progressiven cornealen Ektasie nach LASIK sollte in Stufen erfolgen: Zu Beginn mit Ausgleich durch harte Kontaktlinsen und ggf. den Versuch einer Nahtfixierung (*double running*); in weiterhin progressiven Fällen kann eine tiefe lamelläre Keratoplastik erforderlich sein. Eine perforierende Keratoplastik sollte nur dann durchgeführt werden, wenn es nicht gelingt, mit der tieflamellären Technik einen Visusanstieg und eine Stabilisierung der Hornhaut zu erzielen.

Weitere Spätkomplikationen der LASIK sind die Über- und Unterkorrektur, die durch eine erneute Laserablation nach Anheben des Flaps in der Regel 3 bis 6 Monate nach dem Ersteingriff nach Stabilisierung der Refraktion korrigiert werden können. Eine Regression der refraktiven Korrektur ist vor allem im hyperopen Bereich, aber auch bei Hornhautastigmatismen häufig, ja wahrscheinlich, wenn Korrekturen von mehr als 4 bis 5 Dioptrien durchgeführt wurden. Ein *re-treatment* ist in diesen Fällen in der Regel dann auch nur von begrenztem Erfolg.

Bei myopen LASIK-Korrekturen von bis zu -10, besser -8 Dioptrien, tritt auch in der spätpostoperativen Phase kaum eine Regression des refraktiven Effektes ein, was einmal mehr die Überlegenheit dieser Methode gegenüber oberflächenabladierenden Verfahren unterstreicht.

Literatur

1. Ambrosio, R., Wilson, S.E.: Complications of laser in situ keratomileusis: etiology, prevention, and treatment. J Refract Surg 2001; 17: 350-379

2. Arevalo, J.F., Ramirez, E., Suarez, E., Morales-Stopello, J., Cortez, R., Ramirez, G., Antzoulatos, G., Tugues, J., Rodriguez, J., Euenmayor-Rivera, D.: Incidence of vitreoretinal pathologic conditions within 24 months after laser in situ keratomileusis. Ophthalmology 2000; 107: 258-262

3. Bühren, J., Baumeister, M., Kohnen, T.: Diffuse lamellar Keratitis (DLK) after laser in situ keratomileusis imaged by confocal microscopy. Ophthalmology 2001; 108: 1075-1081

4. Buratto, L., Brint, S.: LASIK, surgical techniques and complications. SLACK, Thorofare, 1998, p. 264

5. Hovanesian, J.A., Faktorovich, E.G., Hoffbauer, J.D., Shah, S.S., Maloney, R.K.: Bilateral bactericaI keratitis after laser in situ keratomileusis in a patient with human immunodeficiency virus infection. Arch Ophthalmol 1999; 117: 968-970

6. Jacobs, J.M., Taravella, M.J.: Incidence of intraoperative flap complications in laser in situ keratomileusis. J Cataract Refract Surg 2002; 28: 23-28

7. Kohnen, T., Schopfer, D., Buhren, J. Hunfeld, K.P.: Flap amputation in myocobacterium chelonae keratitis after laser in situ keratomileusis. Klin Monatsbl Augenheilkd 2003; 220: 634-637

8. Seiler, T., Quurke, A.W.: Iatrogenic keratectasia after LASIK in a case of forme fruste keratoconus. J Cataract Refract Surg 1998; 24: 1007-1009

9. Stulting, R.D., Carr, J.D., Thompson, K.P. Waring, G.O. 3rd, Wiley, W.M., Walker, J.G.: Complications of laser in situ keratomileusis for the correction of myopia. Ophthalmology 1999; 106: 13-20

10. Tham, V.M., Malloney, R.K.: Microkeratome complications of laser in situ keratomileusis. Ophthalmology 2000; 107: 920-924

11. Watanabe, H., Sato, S., Maeda, N. Inoue, Y., Shimomura, Y., Tano, Y.: Bilateral corneal infection as a complications of laser in situ keratomileusis. Arch Ophthalmol 1997; 115: 1593-1594

7.5. Histopathologische Aspekte

Die refraktive Chirurgie - mittels Excimer-Laserbehandlung der Hornhaut oder intraokularen Linsen - gewinnt weltweit immer weiter an Bedeutung (1). Die Verfahren umfassen die radiäre Keratotomie (RK), astigmatische Keratotomie (AK), photorefraktive Keratektomie (PRK), Automatische Lamelläre Keratoplastik (ALK), Laser-Thermokeratoplastik (LTK), Inlays, Laser in situ Keratomileusis (LASIK) und Implantation von phaken, torischen oder multifokalen Intraokularlinsen (IOL). Die Techniken und Instrumente auf diesem Gebiet werden immer weiter verbessert und verfeinert und dadurch die Behandlungsergebnisse und die Patientenzufriedenheit gesteigert. Mit zunehmender Anzahl refraktiv-chirurgischer Eingriffe werden auch vermehrt teilweise neue intra- und postoperative Komplikationen und bisher unbekannte Krankheitsbilder neu beschrieben (2-6). Zur kontinuierlichen Verbesserung der Operationsverfahren ist es daher notwendig, solche Komplikationen zu analysieren und weiter zu erforschen.

Am Magill Research Center for Vision Correction und am Center for Research on Ocular Therapeutics and Biodevices (Storm Eye Institute - Medical University of South Carolina, Charleston, SC, USA) wurde eine entsprechende Daten- und Präparatesammlung zur refraktiven Chirurgie eingerichtet, alle dort eingehenden Hornhautpräparate und explantierten phake, torische und multifokale Intraokularlinsen (IOL) sowie die korrespondierenden klinischen Befunde und operativen Maßnahmen werden regelmäßig analysiert.

Zur histopathologischen Untersuchung werden die Präparate in Paraffin eingebettet und 3 µm dicke Schnitte angefertigt. Als Färbemethoden werden routinemäßig Hämatoxylin-Eosin (HE), Perjodsäure-Schiff (PAS) und Masson-Trichrom benutzt. In einzelnen Fällen werden zusätzlich Alcian-Blau-, Alizarin-Rot- und Gomori-Färbungen und elektronenmikroskopische Untersuchungen durchgeführt. Die explantierten IOLs wurden auf Zell-, Protein- und Pigmentablagerungen sowie Oberflächendefekte hin untersucht.

Die bisher analysierten Hornhautpräparate umfassen Keratitiden unterschiedlicher Genese (Mykobakterien, Pilze u.a.) nach LASIK, Hornhautdekompensation bei vorbestehender Fuchs-Endotheldystrophie nach LASIK, Epitheleinwanderung mit und ohne Einschmelzen des Flap nach LASIK, aggressive Haze-Bildung nach photorefraktiver Keratektomie (PRK), Narbenbildung mit resultierendem irregulärem Astigmatismus nach LASIK und Hornhautektasie nach LASIK. Refraktive Intraokularlinsen wurden explantiert und standen zur Untersuchung zur Verfügung aufgrund von Blendung und falscher Linsenberechnung bei multifokalen Linsen, Kataraktformation und Hornhautdekompensation bei phaken IOL sowie wegen Rotation bei torischen IOLs (Tab. 7.1).

Verfahren	Präparate
Keratorefraktive Verfahren	Haze nach PRK
	Epitheleinwanderung
	Epitheleinwanderung mit Schmelzen des Flap
	Hornhautektasie nach LASIK
	Hornhautnarbenbildung, irregulärer Astigmatismus nach LASIK
	Keratitis (DLK, Mykobakterien, Pilze) nach LASIK
	Hornhautdekompensation nach LASIK
Intraokularlinsen	Multifokale (Blendung, falsche Brechkraft)
	Phake Vorderkammerlinsen (Katarakt, Hornhautdekompensation)
	Phake Hinterkammerlinsen (Kataraktformation)
	Torische Linsen (Rotation)

Tab. 7.1: Übersicht der Hornhautpräparate und explantierten refraktiven IOLs, welche an das Magill Research Center for Vision Correction zur Analyse eingeschickt wurden.

Fallbeispiele

Pilzkeratitis nach LASIK

Eine Patientin entwickelte 3 Tage nach unkomplizierter LASIK Hornhautinfiltrate, die an der Spaltlampe zunächst als diffuse lamelläre Keratitis (DLK) interpretiert und mit hochdosierten Kortikosteroid-Augentropfen behandelt wurden. Im weiteren Verlauf änderte sich das klinische Bild und es zeigten sich wenige, jedoch größere Infiltratansammlungen. Sechs Wochen nach LASIK wurde daher der Entschluß zum Anheben des Flap zwecks Interfacespülung getroffen. Dabei zeigte sich das ganze Ausmaß der Infiltrate und daher wurde der Flap amputiert und zur histopathologischen Untersuchung eingesandt. Diese ergab die Diagnose einer Pilzkeratitis und im Rahmen der mikrobiologischen Untersuchung mit Sabouraud-Dextrose-Kultur konnte Candida albicans als Verursacher nachgewiesen werden (Abb. 7.10).

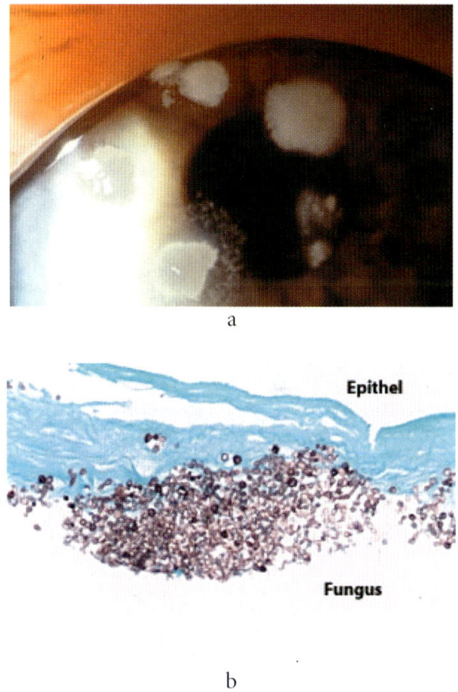

Abb. 7.10: Fallbeispiel 1 (Pilzkeratitis nach LASIK). a) Spaltlampenbefund nach LASIK mit zahlreichen weißen Interfaceinfiltraten. b) Amputierter Hornhautflap, Candida albicans-Keratitis. Grocott-Silberfärbung, 400x Vergrößerung.

Hornhautdekompensation nach LASIK

Eine Patientin unterzog sich trotz vorbestehender Fuchs-Endotheldystrophie und einer präoperativen Pachymetrie von 586 und 656 µm sowie Cornea guttata einer beidseitigen LASIK-Behandlung und entwickelte im postoperativen Verlauf in einem Auge eine Hornhautdekompensation. Diese konnte trotz maximaler medikamentöser Therapie nicht beherrscht werden und daher war 7 Monate nach LASIK eine perforierende Keratoplastik notwendig. Die Hornhaut wurde zur histopathologischen Untersuchung eingeschickt und zeigte unter anderem eine warzenartige Verdickung der Descemet-Membran (Guttae), eine vermehrte Keratozytenzahl entlang des Interfacebereiches sowie eine massive Flüssigkeitseinlagerung im Stroma (Abb. 7.11).

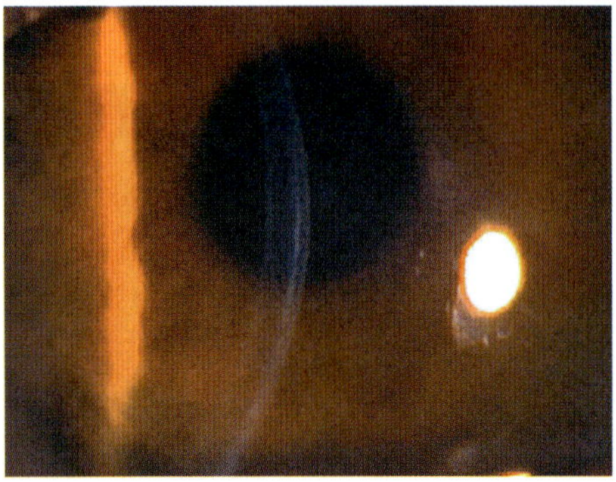

a

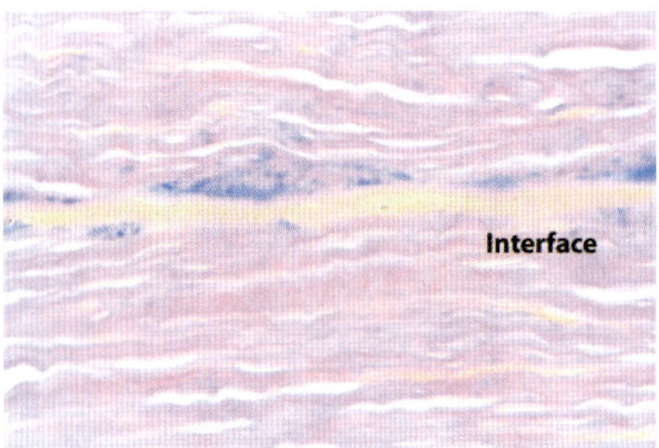

b

Abb. 7.11: Fallbeispiel 2 (Hornhautdekompensation nach LASIK). a) Spaltlampenbefund Hornhautdekompensation nach LASIK mit Flüssigkeitsansammlung im Interface. b) Histopathologieschnitt des Hornhautinterfacebereichs mit extrazellulärer Matrix und Ödem. Colloidal-Iron Färbung, 400x Vergrößerung.

Epitheleinwanderungen nach LASIK

Bei einem Patienten mit *map dot*-Hornhautdystrophie kam es nach unkomplizierter LASIK zu einer Epitheleinwanderung mit Schmelzen des Hornhautflap. Das linke Auge dieses Patienten wurde zuvor erfolgreich mit phototherapeutischer- (PTK), photorefraktiver Keratektomie (PRK) und Mitomycin C behandelt (postoperativer Visus 1,3). Das rechte Auge wurde daraufhin auf Wunsch des Patienten mit LASIK behandelt, wobei es zu einer 100 %igen Epithelabrasion und zwei Wochen später zur Epitheleinwanderung kam. Die Epithelmembran wurde durch Anheben des Flap und 30-sekündiger Einwirkung von Alkohol auf das stromale Bett entfernt. Erneute Epitheleinwanderungen zogen insgesamt 13 weitere Flapanhebungen nach sich mit am Ende zusätzlichem Annähen des Flap, was schließlich jedoch zu einem Einschmelzen des Flap im Nahtbereich führte. Der Flap wurde daraufhin amputiert, das Stroma mit PTK behandelt und eine Amnionmembrandeckung durchgeführt. Der zur histopathologischen Untersuchung eingeschickte amputierte Flap zeigte disorganisierte Kollagenfasern sowie ein reduziertes Epithel (Abb. 7.12).

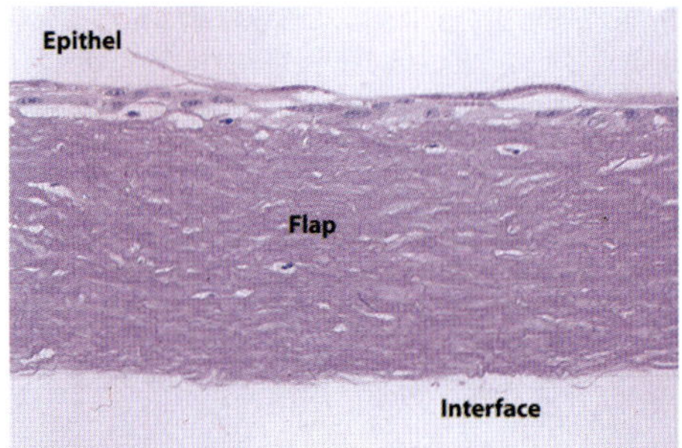

Abb. 7.12: Fallbeispiel 3 (Epitheleinwanderung nach LASIK, Einschmelzen des Flap und anschließende Amnionmembrandeckung). Amputierter Flap mit disorganisierten Kollagenfasern und reduziertem Epithel. Hematoxylin-Eosin Färbung, 200x Vergrößerung.

Die refraktive Chirurgie wird definiert als eine Behandlung zur Refraktionskorrektur, welche durch keratorefraktive Verfahren (Änderung der Hornhautkrümmung) oder refraktive IOLs (phake, multifokale und torische IOLs) erreicht wird. Die Zahl keratorefraktiver Korrekturen stieg mit Einführung der PRK mittels des Excimer-Lasers und später der LASIK sprunghaft an.

Die ersten phaken IOLs wurden von Strampelli in Italien und Barraquer in Spanien Mitte der 50er Jahre implantiert (7). Diese ersten Linsen hatten aufgrund ihrer Dicke und Materials viele Komplikationen, wie Hornhautdekompensation, Iritis und Anstieg des intraokularen Druckes zur Folge. Das Design und Material wurde seitdem vielfältig verändert und verbessert, jedoch bleibt die Schädigung und der Verlust von Hornhautendothelzellen nach wie vor ein großes Problem von phaken Vorderkammerlinsenn (8). Endothelzellverlust nach Implantation von phaken Vorderkammerlinsen wird in der Literatur mit einer Rate zwischen 0 % und 64 % beschrieben (5). Die großen Unterschiede zwischen den Studien resultieren unter anderem aus unterschiedlichen Linsendesigns sowie verschiedenen Nachbeobachtungsverfahren. Das häufigste Problem von phaken Hinterkammerlinsen ist die Kataraktformation, welche in den untersuchten Fällen der Explantationsgrund für die überwiegende Zahl phaker Hinterkammerlinsen war. Fallberichte in der Literatur über die Formation einer Katarakt nach Implantation von phaken Hinterkammerlinsen weisen eine Rate zwischen 0 % (0/124) und 100 % (3/3) auf (5). Wobei auch hier zu sagen ist, dass durch neuere Linsendesigns und Materialzusammensetzungen sowie Verbesserung der Operationstechniken die Kataraktformationsrate deutlich gesenkt werden konnte.

Die Komplikationsrate nach LASIK liegt in Studien mit mehr als 1.000 Augen zwischen unter 1 % bis 5 % (2;8). Die häufigste Komplikation stellt mit über 50 % aller an das Magill Research Center eingesandter Hornhautpräparate die Epitheleinwanderung nach LASIK-Behandlung dar. Infektionen des Hornhautinterface stellen jedoch eine weitere Problematik dar und insbesondere Mykobakterium-Keratitiden werden auch in der Literatur häufig genannt (9, 10). Für eine erfolgreiche Behandlung sind hier die schnelle Diagnose sowie intensive lokale und systemische Therapie von großer Bedeutung.

Die klinisch-pathologische Analyse explantierter IOLs und Hornhautpräparate zeigt, daß neben den hervorragenden Ergebnissen, die die refraktive Chirurgie bietet, in einzelnen wenigen Fällen sehr ernste Komplikationen auftreten können, die die Explantation von IOLs und/oder Hornhauttransplantationen notwendig machen können. Eine sorgfältige Patientenauswahl sowie besondere Schulung der Operateure und nachbehandelnden Augenärzte ist der wichtigste Bestandteil für langfristig komplikationslose postoperative Ergebnisse mit sehr guter Patientenzufriedenheit. Zur kontinuierlichen Optimierung der operativen Eingriffe ist eine Dokumentation und umfangreiche Datensammlung refraktiver Komplikationen sowie deren gründliche Analyse eine wichtige Voraussetzung.

Literatur

1. Solomon KD, Holzer MP, Sandoval HP, et al. Refractive Surgery Survey 2001. J Cataract Refract Surg 2002;28: 346-55.

2. Melki SA, Azar DT. Lasik complications. etiology, management, and prevention. Surv Ophthalmol 2001;46: 95-116.

3. Peng Q, Holzer MP, Kaufer PH, et al. Interface Fungal Infection after Laser in situ Keratomileusis Presenting as Diffuse Lamellar Keratitis (DLK). A clinicopathological report. J Cataract Refract Surg 2002;28:accepted for publication.

4. Vroman DT, Solomon KD, Holzer MP, et al. Endothelial Decompensation after LASIK:Case report, histopathologic analysis and review of the literature. J Cataract Refract Surg 2002;28:accepted for publication.

5. Apple DJ, Werner L. Complications of cataract and refractive surgery: a clinicopathological documentation. Trans Am Ophthalmol Soc 2001;99:95-107.

6. Alio JL, Perez-Santonja JJ, Tervo T, et al. Postoperative inflammation, microbial complications, and wound healing following laser in situ keratomileusis. J Refract Surg 2000;16:523-38.

7. Barraquer J. Anterior chamber plastic lenses. Results and conclusions from five years experience. Trans Ophthalmol Soc UK 1959;79:393-424.

8. Werner L, Apple DJ, Izak AM, et al. Phakic anterior chamber intraocular lenses. Int Ophthalmol Clin 2001; 41:133-52.

9. Garg P, Bansal AK, Sharma S, Vemuganti GK. Bilateral infectious keratitis after laser in situ keratomileusis: a case report and review of the literature. Ophthalmology 2001;108:121-5.

10. Pushker N, Dada T, Sony P, et al. Microbial keratitis after laser in situ keratomileusis. J Refract Surg 2002; 18:280-6.

Neue Entwicklungen: Corneale Mikrochirurgie mittels Femtosekundenlasertechnologie

Physikalische Grundlagen und ophthalmologische Anwendungsprinzipien

8. Neue Entwicklungen: Corneale Mikrochirurgie mittels Femtosekundenlasertechnologie

Physikalische Grundlagen und ophthalmologische Anwendungsprinzipien

8.1. Charakteristika ultrakurzer Energiephänomene

Ultrakurze elektromagnetische (Laserlicht-) Impulse, d.h. Pulse mit einer Dauer im Subnanosekundenbereich sind in ihrer Wechselwirkung mit Materie charakterisiert durch Phänomene, die sich in wesentlichen Kriterien von solchen bei längerer Impulsdauer unterscheiden.

In für Licht transparenter Materie sind Elektronen in fester orbitaler Korrelation zum Atomkern assoziiert. Beim Auftreffen von hochenergetischen Photonen wird diese elektrostatische Bindung der Elektronen im Atomverbund überwunden, so dass die energetisch angeregten Elektronen frei werden. Es kommt hierbei also zur Absorption von Lichtenergie, für die das betreffende Material unter Bedingungen längerer Energiepulse transmissiv ist. Dieses Phänomen wird als *Laser induced optical breakdown* (LIOB) bezeichnet. Die Kaskade frei werdender Elektronen zeigt gegenseitige elektrostatische Abstoßung der negativen Ladungen in "explosiver" Auseinanderbewegung (Plasma). Hierdurch werden positive Ladungen nachgezogen. Es bildet sich eine so genannte Cavitationsblase. Die Ausbreitung erfolgt initial als Schockwelle mit einer Geschwindigkeit, die über der Schallgeschwindigkeit für das jeweilige Medium liegt. Erst wenn der Druck darin dem Außendruck entspricht, wird die Energie in Form einer Schallwelle weitergeleitet. Durch die Expansion und den folgenden Kollaps der Cavitationsblase kommt es zu Zerreißungseffekten im jeweiligen Medium. Diesen Separationseffekt kann man sich durch Aneinanderreihung solcher ultrakurzer Energiepulse zunutze machen, so dass es zu kontigenter Zerteilung von Materie, hier: Gewebe, kommt, welches hierbei also quasi "geschnitten" wird (Abb. 8.1).

Es handelt sich bei dem Phänomen also um Umsetzung elektromagnetischer in akustische (kineti sche) Energie, wofür der Terminus der optoakustischen Kopplung Verwendung findet. Dies steht im Gegensatz zu den bei längeren Energiepulsdauern beobachteten Phänomenen. Im Falle ultrakurzer Pulse findet keine räumliche Auslenkung der Atome statt, sie führen daher auch nicht zur Erwärmung des Materials. Herkömmliche Laser, die im Milli- bis Mikrosekundenbereich arbeiten, bewirken hingegen thermische Kopplung, d.h. es kommt zur lokalen Temperaturerhöhung im Absorptionsfeld.

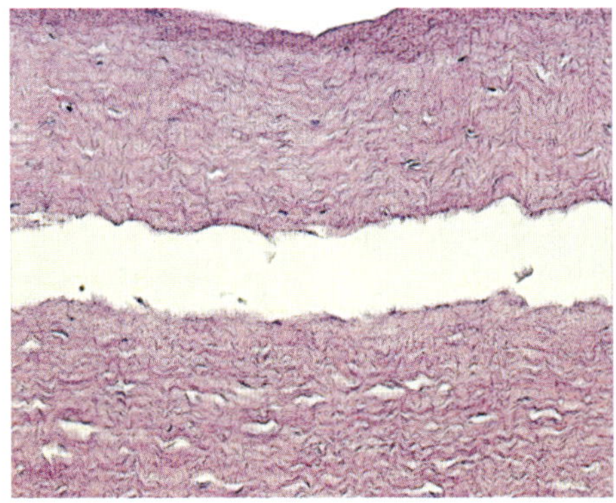

Abb. 8.1: Detail der intrastromalen Gewebstrennungslinie durch fs-Laserpulse. Zu beachten ist das "Nut und Feder"-Muster der gegenüberliegenden Stromaanteile (Cornea, Schwein, HE-Färbung).

8.2. Implikationen für medizinische Anwendung

Während dieser thermische Effekt bei vielen chirurgischen und indirekt invasiven therapeutischen Verfahren genutzt wird, sind Anwendungen zur Gewebspräparation und -zerteilung auf Minimierung der koagulativen Wirkung angewiesen. Hitzeentwicklung sowohl durch Laserlicht als auch durch mechanische Schnitttechniken bedingt Kollateralschäden, welche wesentliche Eigenschaften des Gewebes *intra vitam* beeinträchtigen können. Verbrennung einer Oberfläche kann physiologische Funktionen eines Gewebes ganz oder teilweise aufheben: Dies betrifft bei der Cornea beispielsweise die hohe optische Transparenz, die mechanische Stabilität, welche für die diffraktiven Qualitäten entscheidend ist, sowie den fragilen Metabolismus des Endothels. Die oben genannten

Charakteristika ultrakurzer Lichtenergiepulse lassen Femtosekundenlaser als mögliche geeignete Werkzeuge zur intravitalen Gewebszerteilung in Frage kommen.

Ein weiterer Aspekt von im Femtosekundenbereich gepulsten Lasern betrifft die Lokalisation der Energieabsorption. Durch die Arbeit in Material (Cornea), welches für Licht der verwendeten Wellenlänge transparent ist, ist ein Laserlichtbündel in einer frei wählbaren Eindringtiefe fokussierbar. Da die zuvor angeführten Phänomene des LIOB nur im Fokuspunkt des Lasers auftreten, ist die Möglichkeit gegeben, intrastromale Gewebszerteilung ohne tangibles dissezierendes Agens (z.B. Messer) und ohne Eröffnung der Oberfläche zu erzielen.

8.3. Applikationsperspektiven

Diese Aspekte schaffen Raum für ein weites Spektrum denkbarer Anwendungsbereiche solcher "virtueller Klingen". Im primär kurativen Bereich ophthalmologischer Mikrochirurgie betrifft dies vor allem Techniken der Keratoplastik, d.h. allogene Transplantation von cornealem Gewebe. Die Hornhauttransplantation war ursprünglich die erste erfolgreich durchgeführte allogene Gewebsverpflanzung und wurde im Verlauf des zwanzigsten Jahrhunderts zu einer Routineprozedur. Die einzigen wesentlichen Revolutionen auf diesem Gebiet stellten die Einführung des Operationsmikroskops und monofiles Nahtmaterial dar. Der primäre Kernvorgang der Trepanation im Spender- und Empfängerauge ist hingegen grundsätzlich unverändert geblieben: Es wird ein zirkuläres Gewebspräparat aller Hornhautschichten (perforierende Keratoplastik) gewonnen, das in ein korrespondierendes quasi ausgestanztes Feld im Empfängerauge eingebracht und vernäht wird. Seit langem besteht Bewusstsein über die inhärenten Defizienzen dieser Vorgehensweise, da nur zirkuläre Vollschichttransplantate möglich sind, obwohl vielfach die Übertragung einzelner Gewebsschichten zur Behandlung der Grunderkrankung ausreichend wären. Aus diesen Überlegungen heraus sind Vorschläge zur Endotheltransplantation und lamellären Keratoplastik entstanden, deren technische Realisierbarkeit jedoch bislang am Fehlen geeigneter Werkzeuge weitgehend gescheitert ist.

Eine weiterer Anwendungsbereich liegt in Verfahren der refraktiven Corneachirurgie (Abb. 8.2). Beim heute am weitesten verbreiteten Verfahren, der Laser in situ Keratomileusis (LASIK), wird eine oberflächliche Stromalamelle (Flap) mittels eines Mikrokeratoms durch eine Klinge aufgeschnitten, sodann zurückgeklappt und vom darunter frei liegenden Stroma durch einen Excimer-UV-Laser nach definiertem Algorithmus Gewebe abgetragen. Die hierdurch erzielte Verdünnung des Stromas führt zur einer Abflachung der cornealen Kurvatur und somit zu einer Änderung der refraktiven Eigenschaften. Während die Excimerablation mit hohem Präzisionsgrad und reproduzierbar möglich ist, resultiert ein wesentlicher Anteil von Komplikationen in der Praxis aus der Präparation des Flaps aufgrund mechanischer Alteration des fragilen Gewebes. Ein rein intrastromales Operationsverfahren bzw. ein solches, das eine schonende Präparation des oberflächlichen Flaps erlaubt, könnte hierbei von wesentlichem postoperativem Vorteil für den Patienten sein und eine relevante Verbesserung des derzeitigen Vorgehens darstellen.

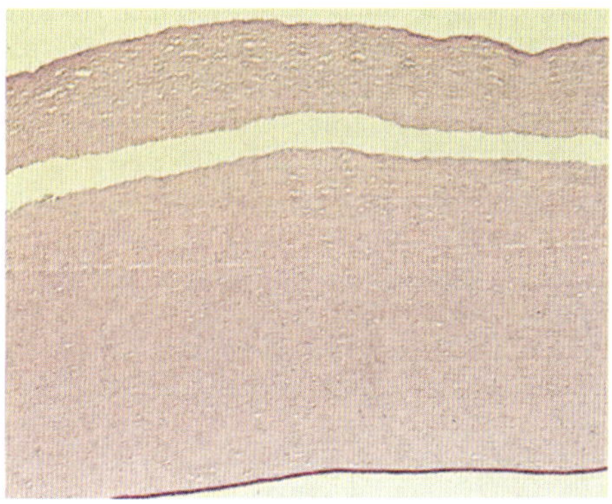

Abb. 8.2: Oberflächliche Lamelle (LASIK-Flap), gewonnen durch serielle Applikation von fs-Lasereffekten (Pulsdauer ca. 400 fs) (Cornea, Mensch, HE-Färbung).

8.4. Femtosekundenlaser als virtuelle Klingen

Es lohnt sich, in Erinnerung zu rufen, dass die ultrakurz gepulste Laserenergie bei diesem Prozess lediglich den *optical breakdown*, d.h. den Zusammenbruch der optischen Transmissivität bzw. Transparenz induzieren kann, woraus unter bestimmten Bedingungen Photodisruption resultiert. Diese grundsätzlichen Vorgänge bedingen auch die Herausforderungen, die sich beim Einsatz ergeben.

Bei der Photodisruption handelt es sich um einen dynamischen Prozess, dessen Ablauf von einer Vielzahl von Zeit-, Raum- und Energieparametern in Form statistischer Funktionen abhängig ist. Wie oben dargestellt, induziert der ultrakurze Energieimpuls in Form von Laserlicht die Bildung von Plasma, das sich explosionsartig in einer ersten Phase mit Überschallgeschwindigkeit ausbreitet und eine Blase bildet, deren Kollaps (nach ca. 15 µs in Wasser) zur Zerreißung der umgebenden Strukturen führt (Cavitation) (Abb. 8.3 und 8.4). Wenn nun in einer zeitlichen Distanz von ≤ 15 µs in der unmittelbaren Nachbarschaft eines Pulses ein zweiter auftrifft, so können die sich gegenläufig ausbreitenden Schockwellen kollidieren. Der zweite Puls kann auch in die sich ausbreitende Blase des ersten treffen, wobei der zusätzliche Energieeintrag die Ausbreitungscharakteristik beeinflusst. Jede solche Situation führt zu einem ungleichmäßigen Disruptionsschema im betreffenden Bereich, das durch nonlineare Prozesse nicht planbar wird. Im Extremfall kann die Eigenschaft der Gewebstrennung als solche hierbei in der Zone verloren gehen. Entsprechendes gilt auch für die Pulsapplikationsfrequenz, wenn räumlich benachbart applizierte Pulse zeitlich zu dicht aufeinander folgen. In der angenommenen mathematischen Funktion, die den kontingenten Disruptionsprozess charakterisiert, spielt auch die eingebrachte Pulsenergie (*fluence*) eine entscheidende Rolle, die sich bemisst aus der Pulsdauer und der Energiehöhe.

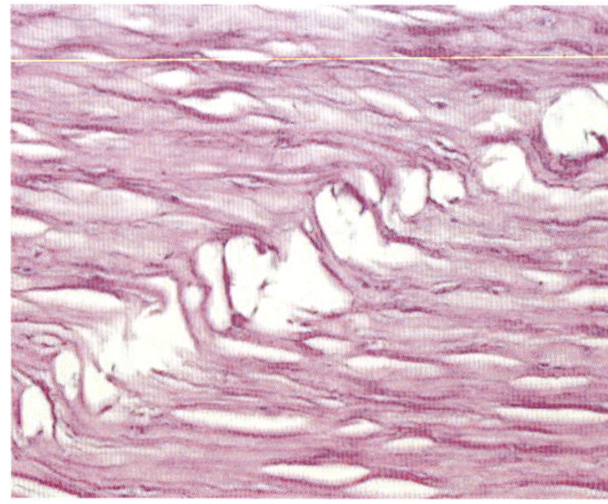

Abb. 8.3: Verlauf der Gewebszerteilungslinie im cornealen Stroma, die Applikation der fs-Laserpulse erfolgte von (im Bild) rechts unten nach links oben. Die intrastromalen Cavitäten in der Umgebung entstanden durch die Trocknung des Präparates während der histologischen Aufarbeitung (Cornea, Mensch, HE-Färbung).

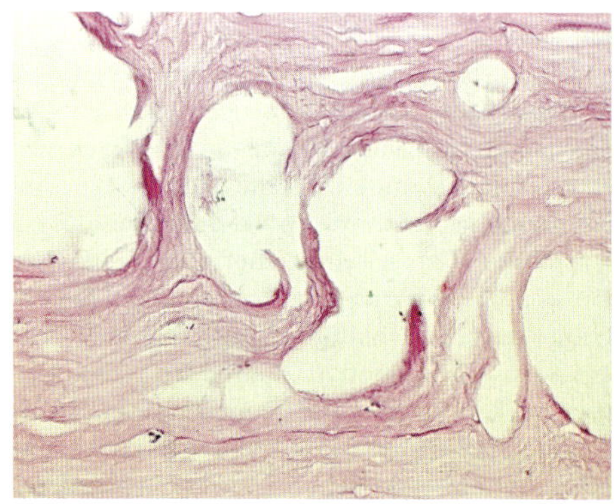

Abb. 8.4: Effekte der Cavitationsblasen im cornealen Stroma. Die zeitliche Abfolge der fs-Laserpulse erfolgte von (im Bild) rechts unten nach links oben (Cornea, Mensch, HE-Färbung, 40x).

8.5. Sind neue Techniken erforderlich?

Führt man sich die Komplexität der anatomischen Mikrostruktur der Cornea mit ihrem mehrschichtigen, ineinander verwobenen und durch feste Basalmembranen begrenzten Aufbau vor Augen, so mag mechanische Behandlung mit einer starren Klinge als ein Vorgehen erscheinen, das den physiologischen Gegebenheiten nicht ausreichend Rechnung trägt. Ein wesentliches Problem bei der Erzielung präziser Schnitte mit glatten Oberflächen liegt auch im Mangel der Cornea an intrinsischer Stabilität und der äußersten Empfindlichkeit ihrer inneren Oberfläche (des Endothels), die auch die sanfteste Berührung kaum schadlos toleriert. Nicht wenige der ungelösten chirurgischen Probleme können in diesem Zusammenhang gesehen werden. Ein wesentlicher Anteil der Komplikationen, die aus LASIK-Prozeduren auftreten, hängen mit dem aus refraktiv-chirurgischer Sicht eigentlich als Hilfsschritt zu verstehenden Vorgang der *flap creation* zusammen. Der eigentliche refraktiv wirksame Schritt der stromalen Ablation mittels Excimer-Laser ist durch hoch präzise, standardisierte Nomogramme eine vollautomatische Roboterprozedur, die mit Chirurgie im ursprünglichen Sinne, also medizinischer Handarbeit, nur wenig gemein hat und kaum menschliche Fehlerquellen bietet. Gravierende Komplikationen hingegen können sich ergeben, wenn die Dicke und Form des oberflächlichen Flaps nicht planmäßig verläuft, so dass zentrale Ausdünnungen (*button holes*) oder vollständige Abtrennung der Lamelle resultiert. Geringe mechanische Hindernisse beim Vortrieb des Mikrokeratoms oder Zug-, Druck-, Torsions- oder Scherbewegungen am Werkzeug können sich ebenso fatal auswirken wie Defizite des Vakuums, das den Sockelring mit dem Bulbus verbindet. Ein nicht optimierter Oberflächenschnittwinkel kann die Eintragung von Epithelzellen unter die Lamelle begünstigen und so zu funktionell beeinträchtigenden dystopen Epithelinseln führen. Dass das Arbeitsfeld während des Schnittvorgangs bei der derzeit üblichen Konstruktionsweise vollständig vom Werkzeug verdeckt ist, der Chirurg also keine visuelle Kontrolle über den Ablauf hat, kommt hierbei erschwerend hinzu. Fehler können so häufig erst erkannt werden, wenn sie vollendet sind und nur geringe Korrekturmöglichkeiten, wenn überhaupt, bestehen. Diese Problematik existiert in ähnlicher Weise bei Trepanation für Keratoplastik. Hier ist eine optimale Kongruenz von Spender- und Empfängergewebe von kritischer Bedeutung für das spätere refraktive Ergebnis. Defizite hierin tragen zusammen mit möglicher Verziehung durch unregelmäßig wirkende Nahtkräfte im Endresultat zu astigmatischen Unregelmäßigkeiten des Transplantats.

Ein erheblicher Anteil an Indikationen für corneale Gewebssubstitution bezieht sich nur auf bestimmte Schichten der Hornhaut. Dass dennoch die perforierenden Eingriffe bei Transplantationen überwiegen, mag teilweise auf mangelnde Präzision verfügbarer Instrumente für lamelläre Gewebsseparation zurückzuführen sein. Diese Herausforderung bezieht sich gleichermaßen auf tiefe wie oberflächliche Schichten und Grenzschichten der Cornea.

8.6. Lösungen?

Für manche dieser Fragestellungen scheinen sich Femtosekundenlaser als Alternative anzubieten. Bisherige Erfahrungen scheinen anzudeuten, dass LASIK-Flaps, die mit kommerziell erhältlichen Femtosekundenlasergeräten geschnitten wurden, bezüglich der Homogenität des Profils sowie der Ausformung des Randes handelsüblichen Mikrokeratomen ebenbürtig, wenn nicht überlegen sind. Die Bauweise je nach System mit Applanation der Cornea oder Verwendung einer sphärischen Vakuumkontaktlinse in Verbindung mit elektronischer Prozesskontrolle vermeidet Fehlerquellen, die zu Knopflochkonfiguration oder abgetrennter Lamelle führen können.

Während die ersten Generation refraktiv-chirurgischer Prozeduren mit einfachen sphärischen Ablationsmustern arbeitete, findet im Zuge der Weiterentwicklung der Vorgehensweise, die auch neue Indikationsgruppen einbezieht, eine zunehmende Verfeinerung der Ablationsprofile statt. Dies betrifft beispielsweise wellenfrontgesteuerte, patientenindividuelle Muster, die die punktuelle Gesamtaberration des Auges auf cornealem Niveau korrigieren sollen, oder auch multifokale Ablationsfelder für Presbyopie. Es ist anzunehmen, dass das differenzielle refraktive Potenzial solcher Korrekturen bei perfektionierter Homogenität des darüberliegenden Flaps optimiert zum Tragen kommen kann. Im Hinblick auf die Gleichmäßigkeit des Profils der oberflächlichen Lamelle und des Randdesigns scheinen Femtosekundenlaser konventionellen Mikrokeratomen überlegen.

Über die adjuvante Funktion der Abtrennung oberflächlicher Lamellen als präparativem Arbeitsschritt für LASIK ist grundsätzlich auch ein intrinsischer refraktiver Einsatz der Femtosekundenlasertechnologie denkbar: Die in der räumlichen und zeitlichen Summation kontingent applizierter Laserpulse geschaffenen Gewebsteilungsmuster können theoretisch auch bei entsprechender Tiefenfokussierung für intrastromale Ablation genutzt werden, so dass ohne Oberflächeneröffnung eine diffraktive Wirkung eintritt. Hierbei ist jedoch das Problem der Plasma- bzw. Gasresorption zu lösen: Die Wirkungsweise bedingt das Entstehen von Plasmablasen, die erst nach Stunden makroskopisch völlig verschwunden scheinen, so dass eine rasche Prozedur, wie sie die oberflächliche Ablation durch den Excimer-Laser erlaubt, zunächst nicht möglich scheint.

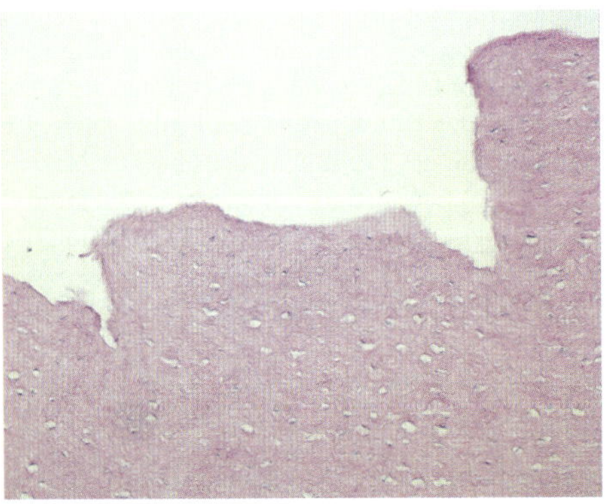

Abb. 8.5: "Schnittkante" durch fs-Laser. Beachte die rektanguläre Architektur des Profils. Das Präparat wurde zweistufig erstellt, so dass unter der oberflächlichen Lamelle (tiefe Stufe) eine intrastromale Gewebsscheibe entnommen werden konnte (flachere Stufe, links im Bild). Die Verformung und die intrastromalen Lücken sind als Artefakte der histologischen Präparation zu verstehen (Cornea, Schwein, HE-Färbung, 10x).

Bei der Verwendung eines Femtosekundenlasergerätes anstelle eines konventionellen Trepans mit zirkulärer Rotationsklinge sind nicht nur andere Anstellwinkel der Trepanation möglich, sondern auch Konturen, die von der Kreisform abweichen und beispielsweise mit Positionsecken neuartige Verankerung des Transplantats erlauben. Auf diese Weise lässt sich ein konisches Schnittprofil verwirklichen, mittels dessen die übertragene Endothelfläche maximiert werden kann, bei gleichzeitiger Wahrung größeren Abstandes zu oberflächlichen limbusnahen Gefäßen oder den dort befindlichen Stammzellen. Eingearbeitete Positionsmarken könnten die Anzahl der zur sicheren Fixierung erforderlichen Nähte verringern, wovon eine Minimierung des postoperativen Astigmatismus zu erwarten wäre.

In Bezug auf lamelläre Keratoplastik scheint es möglich, mittels eines Femtosekundenlasers präzise oberflächenparallele Gewebsseparation zu erzielen, die für oberflächliche oder auch intrastromale tiefere partielle Gewebsübertragung nutzbar ist (Abb. 8.5). Es ist vorstellbar, dass immunologische ebenso wie gewebsarchitektonische Probleme bei solchem Vorgehen minimierbar sind. Die histologisch nur minimal nachweisbare Alteration in der unmittelbaren Umgebung der Laserpulseffekte machen auch theoretisch den Einsatz eines solchen Instrumentes für Endotheltransplantation möglich, was insbesondere in Fällen von Fuchs-Endotheldystrophie oder pseudophaker bullöser Keratopathie von Bedeutung sein kann.

Es darf bei diesen Überlegungen jedoch nicht außer Acht gelassen werden, dass die Nutzbarmachung der Phänomene des *Laser induced optical breakdown* mit entsprechenden Cavitationseffekten die Optimierung einer großen Anzahl physikalischer Parameter erfordert und ein Arbeiten hiermit stets in einem relativ engen Korridor des Optimums erfolgt. Dies bedingt eine prinzipiell wesentlich höhere theoretische Komplexität des Vorgangs, als die Verwendung einer konventionellen Klinge.

Literatur

1. Jonas JB. Intrastromal lamellar femtosecond laser keratoplasty with superficial flap. Br J Ophthalmol 2003; 87: 1195

2. Jonas JB. Lamellar femtosecond laser keratoplasty with conical incisions and positional pikes. Graef Arch Clin Exp Ophthalmol 2003; In Print

3. Jonas JB. Corneal endothelial transplantation using femtosecond laser technology. Eye 2003; In Print

4. Jonas JB, Vossmerbaeumer U. Femtosecond laser LASIK flap preparation with conical incisions and positional spikes. J Cataract Refr Surg 2003; In Print;

5. Jonas JB, Vossmerbaeumer U. Femtosecond laser penetrating keratoplasty with conical incisions and positional spikes. J Refr Surg 2004; Zur Publikation angenommen

6. Juhasz T, Kurtz R, Horvath C, Suarez C, Raksi F, Bor Z, Spooner G. The femtosecond blade: new developments in corneal surgery", Optics and Photonics News, Jan 2002

7. Lubatschowski H, Maatz G, Heisterkamp A, Hetzel U, Drommer W, Welling H, Ertmer W. Application of ultrashort laser pulses for intrastromal refractive surge-

ry.Graefes Arch Clin Exp Ophthalmol. 2000Jan;238(1): 33-9

8. Ratkay-Traub I, Juhasz T, Horvath C, Suarez C, Kiss K, Ferincz I, Kurtz R.Ultra-short pulse (femtosecond) laser surgery: initial use in LASIK flap creation.Ophthalmol Clin North Am. 2001 Jun;14(2):347-55, viii-ix. Review.

9. Roach WP, Rogers ME, Rockwell BA, Boppart SA, Stein CD, Bramlette CM. Ultrashort laser pulse effects in ocular and related media. Aviat Space Environ Med. 1994; 65: A100-7.

10. Stern D, Schoenlein RW, Puliafito CA, Dobi ET, Birngruber R, Fujimoto JG. Corneal ablation by nanosecond, picosecond, and femtosecond lasers at 532 and 625 nm. Arch Ophthalmol 1989; 107: 587-92.

11. Vossmerbaeumer U, Jonas JB. Femtosecond Laser Technology in Keratoplasty. In Bille J, Harner CFJ, Loesel P. Aberration-free refractive surgery. New frontiers in vision. Springer-Verlag, 2003; SS. 257-268

Index

A

Akkommodative IOL 35
ALK-Excimer 46
Ametropie 20
Astigmatismus 21
Augenlasersysteme....40
Automated Corneal Shaper 46
Automatische Lamelläre Keratoplastik (ALK)....14, 46

B

Brechkraft....20, 78
Button hole 99, 113

C

Clear lens extraction....12
Corneale Ektasie 103
Corneale Mikrochirurgie 110

D

Detritus im Interface 92
Dezentrierter Flap....92
Dezentrierung der Ablation 100
Diffraktive IOL 31
  Lichtverteilung....32
Diffraktives Prinzip nach Young 31
Diffuse lamelläre Keratitis (DLK)....48, 94
  Epitheldefekte 52
  Stadien....52, 91, 101
  Therapie....52, 91, 101

E

Emmetropie....20
Entwicklung der Sehkraft....20
Epi-LASIK....16, 67
  Ergebnisse....69
  Histologie 67
  Indikationen....67
  Operative Behandlung....68
  Postoperative Behandlung 68
Epitheldefekte 50
  Diffuse lamelläre Keratitis....52
Epitheleinwachsung....53, 103, 104, 106
Epithelimplantation 102
Excimer-Laser....39
  Systeme....40
Excimer-Laser in situ Keratomileusis (ELISK) 15
Eye tracker 48

F

Falten des Lentikels 51
Fehlsichtigkeit....20
Femtosekundenlasertechnologie 110
  Hornhauttransplantation....111
  Lamelläre Keratoplastik....114
  LASIK 111
  Mögliche Anwendungsbereiche....111
  Physikalische Grundlagen 110
  Virtuelle Klingen....111
Fettreste im Interface....92
Flap displacement....102
Flüssigkeitsansammlung im Interface 53
Free cap 99
Freeze-Keratomileusis....14

G

Grünlicht-Spalttest....76

H

Hartmann-Shack-Aberrometer 56
Hartmann-Shack-Prinzip 40
Haze....58, 104
Hintere Halbinzisionen nach Sato....12
Histopathologie 104
  Aufbereitung der Präparate....104
  Fallbeispiele....105
Historische Übersicht....13
Hornhautdekompensation 105
Hornhauttopographie 55, 77, 98
  Anwendungen....79
  Auf Elevationsmessung basierende Systeme 80
  Auf Placidotechnologie basierende Systeme 80
  Geschichte 77
  Gesunde Hornhaut....78
  Interferometrische Systeme....82
  Klinische Anwendung topographischer Messungen 78
  Messgeräte....79
  Nach Kataraktoperation....79
  Nach refraktiv-chirurgischen Operationen....79
Hyperopie 21
Hyposphagma....101

I

ICL....93
Interface 53
Intrastromale corneale Ringsegmente....16
Intrastromale Epithelinseln 92
IOLMaster....83

K

Keratektasie....47, 54
Keratitis, bakterielle....92, 98
Keratitis, mikrobielle....53, 104
Keratokonus....47, 54
Keratomileusis 14, 46
Keratomileusis in situ....14
Keratophakie....14

L

LASEK 39, 54
  Alternative Techniken 61
  Ergebnisse bei Myopie....61
  Nachsorge....95
  Technik nach Camellin 60
  Vergleich mit LASIK....63
  Vergleich mit PRK 61

Laser in situ Keratomileusis (s.a. LASIK) ... 15
Laser induced optical breakdown (LIOB) ... 110
Laserassistierte subepitheliale Keratektomie (s.a. LASEK) ... 16
Laser-Thermokeratoplastik (LTK) ... 16
LASIK ... 39
  Aberrometergesteuerte ... 40
  Ergebnisse ... 49
  Femtosekundenlasertechnologie ... 111
  Frühpostoperative Komplikationen ... 101
  Geschichte ... 46
  Heilverlauf ... 48
  Intraoperative Komplikationen ... 98, 99
  Komplikationen ... 50, 98, 107
  Kontraindikationen ... 48
  Medikamentöse Therapie ... 90
  Nachoperation ... 49
  Nachsorge ... 94
  Patientenauswahl ... 46
  Präoperatives Screening ... 98
  Qualität des Sehvermögens ... 54
  Sehen im Dämmerlicht ... 55
  Spätpostoperative Komplikationen ... 103
  Standardbehandlung nach LASIK ... 48
  Technik ... 48
  Therapieschemata bei Komplikationen ... 92
  Wellenfrontgesteuerte ... 40, 55
Lentikeldislokation ... 51
Linsenentfernung ... 12

M

Map dot-Fingerprint-Dystrophie ... 98
Mesopische Pupille ... 74
Messung der Wellenfront ... 56
Multifokallinsen (MIOL) ... 31
Myopie ... 21

N

Non-Freeze-Keratomileusis ... 14

O

Oberflächenablation
  Grenzen ... 63
  Zukünftige Entwicklungen ... 64
Optische Biometrie ... 83
  Achsenlängenmessung ... 84
  Anwendungen ... 85
  Laserinteferenzmessung ... 86

P

Partial coherence interferometry ... 83
Pellucide marginale Degeneration ... 47
Phake Intraokularlinsen (IOL) ... 16
  Einsatzbereiche ... 24
  IOLMaster ... 85
  Irisfixierte phake Vorderkammer-IOL ... 27
  Kammerwinkelgestützte phake Vorderkammer-IOL ... 25
  Komplikationen ... 29, 105, 106
  Kontraindikationen ... 24, 29
  Sulkusfixierte phake Hinterkammer-IOL ... 28
Photorefraktive Keratektomie (s.a. PRK) ... 15
Pilzkeratitis ... 105
Placidobasierte Videokeratoskope ... 80
Prebyopic lens exchange ... 12
PRELEX-Verfahren ... 12, 31
Presbyopie ... 22
Prinzip der multizonal-progressiven, refraktiven Array MIOL ... 32
PRK ... 39, 54
  Geschichte ... 57
  Methoden der Epithelentfernung ... 59
  Nachsorge ... 95
  Postoperative Behandlung ... 58
Pupillenmessung ... 74
  Binokulares dynamisches Infrarot-Pupillometer ... 75
  Colvard-Pupillometer ... 75
  Grünlicht-Spaltlampentest ... 75
  Pupillenlineal nach Rosenbaum ... 74
  Zeiss-Spaltlampe mit Kobaltblau-Filter ... 76
Pupillomotorikstörungen ... 92

R

Radiäre Keratotomie (RK) ... 12
Rasterphotogrammetrie ... 80
Refractive lens exchange ... 12, 31, 93
Refraktive bi- und multifokale IOL ... 32
Refraktive Chirurgie ... 106
  Möglichkeiten ... 24
Refraktive Laserchirurgie ... 39
  Medikamentöse Therapie ... 90
Refraktive Linsenchirurgie ... 24
  Implantation von Multifokal-IOL (MIOL) ... 31
  Nachsorge ... 95

S

Sands of Sahara-Syndrom (s.a. diffuse lamelläre Keratitis) ... 94, 101
Schnittkomplikationen ... 51
Sekundärglaukom ... 53
Skotopische Pupille ... 74, 76
Spaltbild-System ... 80
Striae im Flap ... 92, 102

T

Teilkohärenzinterferometrie ... 83
Torische IOL ... 37
Trockenes Auge ... 48, 50, 102
Tscherning-Prinzip ... 42

U

Ultrakurze Energiephänomene ... 110

W

Weiß-zu-Weiß-Durchmesser ... 84

Z

Zywave-Wellenfronttechnologie ... 40

Diagnostik · Therapie · Forschung
UNI-MED SCIENCE -
Topaktuelle Spezialthemen!
Alle Details zu unseren Büchern aktuell unter
www.uni-med.de
Compliance und Empowerment in der Diabetologie
Wie motivieren wir Diabetiker in der Praxis?
1. Auflage 2004, 112 Seiten, ISBN 3-89599-704-8
Insulintherapie bei Typ 2-Diabetes
Pathophysiologisch begründete Therapie mit Insulin unter besonderer Berücksichtigung der Insulinresistenz
1. Auflage 2004, 160 Seiten, ISBN 3-89599-752-8
Haut- und Weichgewebsinfektionen
2. Auflage 2004, 120 Seiten, ISBN 3-89599-760-9
Palliative Therapiestrategien beim Prostatakarzinom
1. Auflage 2004, 128 Seiten, ISBN 3-89599-722-6
Pathogenese und Therapie der Multiplen Sklerose
3. Auflage 2004, 128 Seiten, ISBN 3-89599-785-4
Immunotreatment and gene therapy of HIV infection
1. Auflage 2004, 144 Seiten, ISBN 3-89599-702-1
Chronische myeloische Leukämie
Empfehlungen zur Diagnostik und Therapie
2. Auflage 2004, 160 Seiten, ISBN 3-89599-816-8
Therapieleitfaden Hypophysenerkrankungen
1. Auflage 2004, 224 Seiten, ISBN 3-89599-687-4
Zytokinwirkung und Zytokinhemmstoffe in der Rheumatologie
Klinischer Einsatz von Immunmodulatoren
2. Auflage 2004, 160 Seiten, ISBN 3-89599-811-7
Prävention des Mammakarzinoms
Fakten, Daten und Visionen
1. Auflage 2004, 104 Seiten, ISBN 3-89599-734-X
Male hypogonadism
1. Auflage 2004, 188 Seiten, ISBN 3-89599-748-X
Metformin in der Diabetestherapie
2. Auflage 2004, 108 Seiten, ISBN 3-89599-788-9
Therapieleitfaden Spastik - Dystonien
2. Auflage 2004, 192 Seiten, ISBN 3-89599-807-9
Pathogenese und Therapie der Multiplen Sklerose
3. Auflage 2004, 128 Seiten, ISBN 3-89599-785-4
Protein C - Aktuelle Bedeutung in der Intensivmedizin
1. Auflage 2004, 128 Seiten, ISBN 3-89599-764-1
Regionalanästhesien im Kindesalter
1. Auflage 2004, 140 Seiten, ISBN 3-89599-746-3
UNI-MED
...und ständig aktuelle Neuerscheinungen!